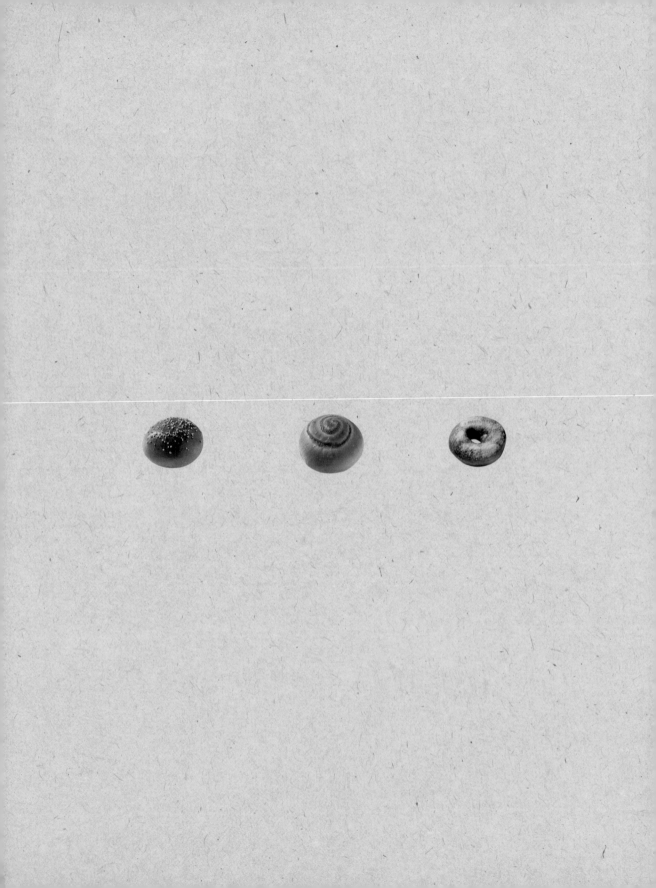

經典不敗
台式麵包

好評不斷粉絲企盼更新版

1 種麵糰 + 38 款口味 + 12 款整型手法 + 近 800 張鉅細靡遺步驟圖

r

朱雀文化

感謝「愛與恨」師傅
用心帶領慢飛天使踏上烘焙路

一個溫暖的機緣,「愛與恨」師傅進入幼安教養院。

幼安教養院服務 130 位憨兒,秉持著「即使他很慢,但我們有信心」的理念,只要給孩子一個伸展的舞台,其實他們都辦得到,甚至做得很棒。

浪子返鄉,為了就近照顧生病的媽媽,「愛與恨」老師開始教導幼安憨兒製作烘焙點心,是個非常有孝心的兒子,更是有大愛的師傅。

記得當初面試時,他靦腆的詢問:「進來工作需要什麼條件嗎?」我回答:「非常簡單,只要接納憨兒、給予機會,帶著他們一起動手製作,因為他們很慢,不能生氣,不能趕;最重要的是產品要乾淨,不要有添加物。」

師傅剛踏入幼安其實有段不適應期,因為在幼安,每件事都要重頭教起,每一項產品製作,沒有得力助手,只有我們的慢飛天使,一個步驟一個步驟慢慢分解指導,甚至不斷重複做給憨兒看,其實真的很不容易。

直到現在,當我再度踏入烘焙坊,氣氛不一樣了!除了教學,更多的是師傅與孩子們間的分工合作。師傅是憨兒阿智的學習對象,他細心溫暖的教導,讓阿智情緒緩和很多,也更願意參與烘焙點心的製作;憨兒阿美每天碎念的情境變少了,她很驕傲的說:「我會做麵包喔!」

幼安或許沒有很好的福利,但是唯一不同的是,在這裡每天都會有不一樣的感動。很感謝師傅對幼安憨兒的付出,每天帶領孩子努力,當孩子學會一個小小步驟,會覺得一切都好值得;更感謝師傅讓「幼安烘焙坊」有了小小知名度,我們的產品除了天然、品質嚴格把關,更是師傅與憨兒用心做出來的點心。

《經典不敗台式麵包》是一本值得推薦的好書,預祝師傅的新書暢銷,相信本書定能獲得愛好烘焙讀者的喜愛及肯定,透過此書,製作台式麵包,用淡淡的麵包香味喚醒美好生活的每一天。

財團法人苗栗縣私立幼安教養院 院長
林勤妹

台式麵包 我永遠的心頭好

2016 年，我和愛與恨老師服務於「Jeanica 幸福烘焙分享」社團，當時社團流行的奶香包、軟歐包、維也納麵包、黃金乳酪蛋糕，都出自愛與恨老師之手。不但造成轟動，也為許多在家創業的媽媽們賺進不少零用錢與滿滿的成就感。

2017 年，很高興能與「朱雀出版社」合作，出版《經典不敗台式麵包》，藉由老師的巧手與我的文字整理，帶入基礎麵糰的教學，讓大家復刻童年的美味回憶，用精選材料，豐富您的餐桌。出書當年，承蒙眾多粉絲的支持，創下出版當日即再版的佳績，而老師當年在誠品的首場「簽書會」也是滿滿的人潮。

2019 年，我們再推出《經典不敗百變吐司》一書，結合兩本食譜的內容，大家可以創造出更多屬於自己的麵包款式。這兩本書為許多粉絲奠定了烘焙基礎，同時也讓許多婆媽們在家裡得到許多讚美聲！

新冠肺炎肆虐的這幾年，窩在家裡的時間變多，烘焙手作的風氣也從實體課程改為線上課程，但手邊的這兩本食譜，始終是我最喜歡操作與翻閱的心頭好。 因為不管烘焙世界的流行如何更迭，台式麵包與各式吐司始終是家裡最終不變的選擇。

2023 年，朱雀出版社要為大家推出「《經典不敗台式麵包》好評不斷粉絲企盼更新版」，雖然是舊書更新，但是老師也增加了像是「蘋果麵包」、「炸彈麵包」等新作，同時更加碼了「奶香包 2.0」的配方，期盼舊雨新知繼續給我們支持鼓勵，讓好書不寂寞，成為您書架上與工作室最美的一抹風景。

為您嘉油～烘焙料理應援團 社長兼管理員
邱嘉慧

將愛揉入麵糰
用台式麵包，開啟你的麵糰生活

感謝朱雀出版社，給予我出書的機會，以台式麵包為基礎，點燃新手的烘焙魂。

國中畢業後，茫然不知方向，一腳踏入麵包的世界，從小學徒開始學習。當時的背景，不像現在資訊流通，只能從做中學，累積經驗。一路走來，並不順遂，也曾做過烘焙界的逃兵，從事過許多不同的行業。但，也許冥冥之中註定，終究還是回到麵包的懷抱。

2015 年，偶然的機會從傳統麵包店，來到苗栗幼安教養院擔任烘焙坊的師傅，為孩子們盡一份心力。而這一年開始，也讓我進入麵包的新領域。

2016 年，嘗試從烘焙師傅轉型成為烘焙老師，走出舒適圈，開始在各大教室從事實體課程教學，也因此結交許多粉絲與熱情的好朋友。

在設計本書的食譜時，希望以一種甜麵糰，呈現台式麵包的萬種風情，減少新手的恐懼感。材料非常容易取得，30 款台式麵包的設計，加上兩款熱情加碼─軟歐包與奶香包，讓你的餐桌每個月天天充滿變化，是我們的小小心願。當你熟悉這個麵糰的操作後，再接觸任何不同的食譜，都能輕鬆上手。

《經典不敗台式麵包》這本書經過了六個年頭，要特別感謝粉絲們的支持，讓這本書邁向第十刷。這幾年因為從事教學工作，獲得更多自由的時間可以陪伴雙親，雖然他們陸續離世，但是相信我的陪伴與穩定的生活品質，祂們能無罣礙的走向下一段旅程。

非常感謝同學們及世界各地海內外讀者，陪伴老師在疫情期間，藉由粉絲專頁與線上課程，持續保持對烘焙的熱情。當中也收集到大家各式各樣的疑難雜症。

老師帶著感恩的心加入了 8 款古早味經典麵包，相信用心的讀者們只要勤加練習操作，必定能夠成為家人朋友心中的萬能烘焙精靈，讓孩子心想事成。

期盼與大家在烘焙路上繼續努力！

暖男麵包師
愛與恨

目錄 CONTENT

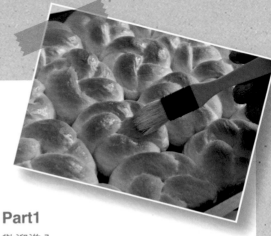

Part1
歡迎進入
台式麵包的美味世界

編按：目錄中標示 ▶ 者，表示有示範影片。

Part4

多樣的麵包造型

12 款麵包整型手法全記錄

更新版特集

【好評不斷粉絲企盼更新版】

書中「示範影片」這樣看！

1 手機要下載掃「QR Code」(條碼) 的軟體。

Android 系統　　　蘋果 iOS 系統

2 打開軟體，對準書中的條碼掃描。

3 就可以在手機上看到老師的示範影片了

PART

1

歡迎進入
台式麵包的美味世界

什麼是台式麵包？

台式麵包難做嗎？好吃嗎？

需要哪些工具？哪些材料？

別擔心，讓愛與恨老師慢慢告訴你！

台式麵包古早的台灣味

近幾年，台灣烘焙界蓬勃發展，不論是國際競賽成績優異，或是台灣本土學習麵包的風氣逐年成長，在在證明，做麵包不再只是一個「職業的選擇」，它可以是一個「夢想的實現」。

國人眼界漸開，除了日式麵包，少油少糖的歐式麵包，也受到重視健康的族群歡迎。但，如果問問身邊的朋友，你都吃什麼麵包？我想，蔥花、菠蘿、紅豆、奶酥及肉鬆麵包等，應該才是大家的心頭好。

沒有高超的學問，沒有奇特的食材，但台式麵包自有獨特的魅力存在。不管是最台的蔥花佐豬油，還是香滑柔軟的克林姆，又甜又肥的奶酥、起酥、花生、沙拉麵包……，都讓人暫時忘記體重計的存在，大口享用美味。

台式麵包起源於日治時代以後，當時台灣的餅店有的接受了西洋文化，開始嘗試麵包製作。但當時台灣仍以米食為主，物資也比較缺乏，對於麵包的烘焙技術較不重視。二次大戰之後，美軍協防台灣，由於美軍不習慣食用本地的食物，因此引進麵包專業人員，一方面滿足自己的口腹之欲，另一方面也為台灣的烘焙界開啟新的大門。當時也大量使用本土食材，如：紅豆、芋泥、花生、肉鬆，都製作成內餡，讓台式麵包更豐富，更有飽足感。

傳統台式麵包最大的特色就是柔軟的麵包體，多油多糖的佐料與風味，在童年的回憶裡，放學時經過巷口的麵包店，剛出爐的麵包，大量的、整齊的排在鐵盤上，空氣中彌漫著豬油炙燒蔥花的強烈香味，總讓人口水直流，眼裡搜尋著，沾滿最多奶油與花生粉的夾心麵包，祈求媽媽可以在晚餐之前讓我們吃個麵包解解饞。

愛與恨老師希望藉由一款基礎甜麵糰，讓大家重現童年的美味回憶。也許，它還是多油多糖高熱量，但您可以選擇好的食材，偶爾開爐，滿足家人和自己的小小心願，您吃的不是麵包，而是一段和孩子共同創造的美好回憶！

製作台式麵包注意事項
- 材料配方中，奶油若無特別標示，就是使用無鹽奶油。
- 麵糰發酵所需時間，會隨著季節及室溫條件不同而有所差異，製作時請視實際狀況斟酌調整。
- 烤箱的性能，會隨著品牌機種不同而有所差異，食譜標示的時間與溫度僅供參考用，請配合實際需求做彈性的調整。
- 材料計量要正確，水量可視實際情況斟酌調整。
- 對待麵糰要輕柔小心，麵糰發酵時，表面要覆蓋塑膠袋（或濕布），不可讓麵糰變乾燥。
- 烤箱一定要記得事先預熱。

做台式麵包需要哪些工具與材料？

有了這些，做起台式麵包更順手！

工具材料篇

方便順手的工具

桌上型攪拌機

新手可以嘗試手揉麵糰，但是攪拌機可以省時省力，為不可或缺的工具。麵包麵糰需要摔打出筋，購買時請注意攪拌機的馬力是否足夠，避免不當使用，傷害機器。坊間的桌上型攪拌機品牌眾多，價位懸殊，建議考量自己的製作頻率、烤箱容量來選擇攪拌機。

可量取少量的粉類、液體材料。常見規格有：一大匙（15 毫升）、一小匙（5 毫升）、1/2 小匙（2.5 毫升）、1/4 小匙（1.25 毫升）

量匙

電子磅秤

為量秤材料的基本配備，材料的份量比例很重要，建議使用以 1 克為單位標示的電子秤，好操作，容易判讀。

鋼盆

有大小不同尺寸之分，可配合用途選擇適合大小，也可以購買強化玻璃容器，只要夠深且寬的耐用容器，都適合在攪拌混合時使用。

具有易辨識的刻度，可用來量測液體，例如水、牛奶等液態材料。基本的量杯約為 240 毫升。建議使用塑膠或玻璃材質，比較容易準確測量。

量杯

攪拌打發和混合麵糊材料使用，可以準備大小不同尺寸的打蛋器。製作麵包，以手持打蛋器拌合餡料，綽綽有餘，但是如果還有做甜點的習慣，建議再購入手持的小型電動打蛋器，更省力。

打蛋器

橡皮刮刀

建議選用彈性高，耐高溫材質，可用來拌合材料，或是刮淨附著在容器內壁上的麵糊。

計時器

建議準備兩個以上的計時器，方便發酵與烘焙時間的掌控。

電子溫度計

用於測量麵糰的發酵溫度，以及隔水融化巧克力等測量溫度。

擠花紙、擠花袋

圓錐形袋狀，有不同材質，搭配不同的花嘴，可製作各式花樣裝飾或用來裝填麵糊。在麵包當中擠入餡料做內餡，不沾手，好操作。

大、小網篩

可過篩結塊粉類，篩出雜質異物，使粉類均勻更容易吸收水分。網目細緻的粉篩，可以用於烘烤前灑粉做造型使用。

割紋刀、小刀或小剪刀

用於麵糰表面的切割花紋。薄且銳利的刀片，可割劃出漂亮的痕跡紋路。銳利、順手好用即可，至於剪刀，則用於麵糰表面的裁剪花紋。

擀麵棍

有各種長度及粗細大小，主要用於麵糰的擀壓、擀平，和整型麵糰時，將麵糰中的氣體排出等操作時使用，並使麵糰厚度均勻，好整型。

軟毛刷

在麵糰表面塗刷蛋汁或其他塗料時使用。清洗後一定要風乾避免發黴。坊間還推出好用的矽膠塗刷，但是塗蛋汁時容易留下刷痕，建議兩種材質都可以購買備用。

涼架

放置剛出爐的麵包，使其降溫使用，讓多餘的熱氣蒸發不會積壓在底部凝結成水氣。不佔空間，建議購買2～4組涼架備用。

刮板、切麵刀

用在材料切拌、混合麵糰、切割整型等用途。帶圓弧部分，可用在將麵粉等材料混拌成糰，或刮取附著容器內側的麵糊與麵糰；直面部分，可作為切麵刀，用來切割麵糰。建議軟硬材質的刮板都要準備，比較好操作。

調餡匙

方便包裹內餡。

烤焙紙、矽膠烤焙墊

用於隔絕食材與烤盤直接接觸，有防沾功能。包含白色半透明狀不沾烤焙紙、可重複清洗使用的烤焙布，或矽膠材質，可直接入爐烘烤的烤焙墊等。

麵糰發酵時，可以割開使用，避免麵糰風乾，塗上少許沙拉油，發酵過程中不會沾黏，避免拉扯發酵完成的麵糰。麵糰冷藏發酵時，可以將麵糰裝入塑膠袋綁緊，冷藏備用。

五斤以上大塑膠袋

小型噴霧器

在美妝店即可購買到的小型噴霧器，噴水、噴油都方便。

簡單方便的美味食材

高筋麵粉

做麵包最適合的是蛋白質含量最高的「高筋麵粉」，它所揉成的麵糰能產生很多麵筋，包覆氣體，使麵包烘烤後脹大膨起。有的配方會搭配 15～20% 的低筋麵粉，降低麵糰的筋性，使麵包變得更鬆軟。但建議初學者先從高筋麵粉開始感受麵筋的力量，熟悉後則可以靈活運用。

酵母的作用，主要是使麵糰膨脹，原理是利用酵母酒精發酵。酒精發酵，是指酵母將糖（葡萄糖或果糖）分解成二氧化碳及酒精，產生少量能量反應。

酵母所產生的二氧化碳會變成氣泡，擠壓周圍的麵糰，使麵糰脹大。酒精除了增加麵糰的延展性，也會賦予麵包獨特的風味或香氣。

一般來說，高糖配方的甜麵包建議使用新鮮酵母。但考量讀者購買材料的方便性，以及保存條件的難易度，本書是以一般速發乾酵母作為示範。配方中的砂糖份量高於麵粉 5% 以上，因此也可以使用高糖麵糰適用的速發乾酵母。 若想使用新鮮酵母，一般使用量約為速發乾酵母的 3 倍。

速發乾酵母

糖

提供酵母養分，幫助麵糰發酵，並有保濕的效果。適量的糖份也可幫助麵糰上色，增進梅納反應。還能增加麵糰的延展性。

因為麵粉中的澱粉遇熱後，原本細密的結構會出現空隙，並開始吸收麵糰中的水分，澱粉因為糊化而變軟，不久後成為麵包的膨大身體。而之所以會變硬，是因為糊化的澱粉漸漸老化，恢復成糊化前的細密結構，將水分排出，而使鬆弛的部分變硬。

如果在麵糰中加入砂糖，它會在溶於水的狀態下滲入澱粉結構的空隙，即使澱粉老化，也會因為具有保水性的糖留在澱粉中，而保持柔軟。

製作通常使用顆粒細緻的白砂糖，目前除了台灣容易購買的砂糖，也出現許多國外的糖，例如上白糖、三溫糖。上白糖的特色是粉質細緻，入口回甘，保水性佳；三溫糖則多用於烹飪。以本書的甜麵糰為例，使用一般的白砂糖即可。

鹽

加入麵糰中可以抑制雜菌生成，有助於穩定發酵，強化麵糰筋度，增加延展性。但同時也會抑制酵母的生長與活力，所以建議製作麵糰時，與酵母分開放置，避免影響發酵的效果。

牛奶

牛奶能增加麵包香氣，但純鮮乳製作的麵包並不會有市售麵包的濃濃奶香，仍需要搭配奶粉、鮮奶油等附加材料才會帶有奶香味，讀者可試著尋找更適合自己喜好的配方來製作。

若要將配方中的水，全部以牛奶替代，因牛奶中含有蛋白質、碳水化合物、乳脂肪及礦物質等固形物，在牛奶中約佔 10% 左右，因此，假設食譜配方是使用 100 克的水，要以牛奶替代，會建議使用 110 克的牛奶，而不是等量替換。

雞蛋

使用於麵糰中，可提升延展性，塗刷在完成的麵糰表面，有助於麵包增加光澤度，幫助上色。蛋可以增加成品的營養價值，卵磷脂有乳化效果，對麵糰的柔軟與保濕也有幫助。

無鹽奶油能促進麵糰的延展性與柔軟度，使麵包柔軟有彈性。對發酵麵糰有潤滑作用，並增加風味，也能幫助麵包的筋性更好。

奶油剛從冰箱拿出來使用，又冷又硬，建議讀者置於室溫下，以手指稍微用力按壓，可插入奶油內的硬度拿來使用最剛好。

如果時間來不及，也可以切片，或是切小塊，放置在金屬容器內，藉由金屬吸熱的原理，很快就可以軟化。要注意的是，軟化不是融化，所以不建議以微波爐或是電鍋將奶油融解，我們希望它仍然保有固態的形式。

製作麵糰的程序中，我們會將乾性材料（麵粉／糖／鹽／酵母／奶粉）與濕性材料（水／牛奶／蛋等液體）混合成糰，當麵糰擴展之後，加入軟化的無鹽奶油，再打至充分融合的擴展階段，完成基礎麵糰。如果要改用液體油，例如橄欖油、玄米油等液態油脂，建議一開始就和乾性材料混合拌打，才能順利作業，這是小小秘訣，在此分享給讀者。

無鹽奶油

奶粉

想讓麵包帶有奶香味，建議可以加入約為麵粉份量 7～8% 的奶粉，即使少於這個份量，其中的乳糖也可以幫助麵糰上色，讓烘烤的顏色變深。

材料行所販售的分裝奶粉，或是超市販售的罐裝或紙袋裝奶粉皆可使用。唯一要注意的是，不建議使用嬰兒奶粉來製作麵包，特別是「水解蛋白奶粉」，它帶有少許的魚腥味，而且成分經過調整，新手製作麵包，材料越單純越好。至於母奶是否可以使用？母奶雖然也是液體，理論上沒有問題，但是考量母體的健康程度、母乳來源、保存條件以及食用者的觀感，不會特別推薦讀者嘗試！

冰水

沒有水，麵粉就無法製成麵包。麵粉中的蛋白質，在形成麵筋的過程中，需要與水分結合，而麵粉中的澱粉，和水一起加熱，會開始吸水糊化、變軟，成為人體可以消化的狀態。其他功用還包括溶化鹽、活化酵母，都需要水分的幫助。

水溫對麵糰的溫度也有影響力，建議讀者在夏天時使用冰水製作麵糰，可以避免麵糰在攪拌的過程中，太快升高溫度，使麵糰組織粗糙。

這樣做，麵包才會好吃！

製作篇 1

做台式麵包並不難，讀者只要詳讀以下內容，就能對麵包的製作有約略的了解。
後面再跟著愛與恨老師每一款麵包的 Step by Step，就能做出好吃的台式麵包了。

1.
秤量材料的
重要性

為製作麵包最重要的基本原則，正確計量所需的材料份量，才能減少失誤，以利烘焙作業進行。

製作麵包所需要的材料並不多，但偶爾還是會有「忘記放酵母」、「牛奶倒太多」等意外發生，建議新手務必分別將材料秤好，依照食譜建議順序擺放，並依序使用完畢，這樣就可以減少意外的發生。

然而，要注意的是，每一個品牌的麵粉吸水率不同，食譜水量是「僅供參考」，請務必先預留部分水分，視情況調整。千萬不可一次將水分全部倒入，導致若過於濕黏不成糰，又猛加粉，失去了麵糰配方的平衡，很難做出理想的麵包。

2.
攪拌 / 揉麵糰
要控溫

充分攪拌材料，讓麵糰形成最佳狀態，同時也要確實讓麵糰出筋。攪拌完成麵糰最後理想溫度約為 26℃～ 28℃左右。詳細的麵糰攪拌過程，請見 P.20「決定麵糰好吃與否的關鍵點」。

在這個階段，最常出現的問題是用來攪拌麵糰的機器，無法讓麵糰充分擴展，加上攪拌過程中不斷摩擦生熱，使麵糰最後溫度高於 28℃。如此一來，若仍勉強製作麵包，通常會產生組織粗糙、無法膨大、口感乾硬等副作用。

因此，強烈建議新手一定要學習如何利用家裡現有的攪拌機器來控制麵糰的溫度，愛與恨老師的建議如下：

麵包機：麵包機的馬力較小，一次設定揉麵的時間長，也無法選擇強度，因此常造成麵糰溫度偏高。應變的方式，除了將所有材料預先冷藏，也可以妥善使用保冷劑，塞入機器側邊降溫。

小型桌上型攪拌機：適合搭配水合法（見 P.18「什麼是水合法？」）來處理麵糰，一方面降溫，另外可以增加麵糰的吸水率，更容易產生薄膜。

大型地上型攪拌機：可以使用冰塊取代一部分的水，一開始以慢速攪拌，冰塊慢慢融解，達到降溫的效果。

3.
基本發酵
（俗稱基發）
這樣做

將麵糰滾圓，在鋼盆內側塗上少許沙拉油，放入麵糰，蓋上保鮮膜後，放置於 32℃～35℃溫暖處，讓麵糰膨脹至原來的 2～2.5 倍大左右即可。

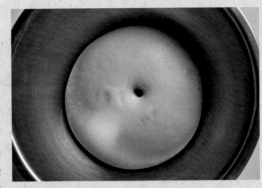

如果在時間允許下，老師建議不妨在基本發酵 30 分鐘後，先進行「翻麵」的動作。所謂「翻麵」，是「排出氣體」的意思，主要是以「翻、折、拍、打」的方式，將麵糰在基發時產生的二氧化碳排出，再藉由「折疊」包入新鮮空氣，將表面發酵較快的空氣壓出，使底部發酵較慢的麵糰換到上方，對發酵中麵糰給予刺激，藉以促進麵糰溫度平衡，讓麵糰能穩定完成發酵，賦予麵包質地細緻，富彈性的效果。等翻麵結束，再進行發酵 30 分鐘，測試麵糰是否發酵完全，若發酵完全就可以進行下一個步驟。

針對酵母量較少的麵糰，多是在基發完成後再「翻麵」，然後再發酵 30 分鐘，能讓麵包口感更為細緻。「翻麵」的過程並非絕對，時間不夠也可以省略。

🧑‍🍳 愛與恨老師的小叮嚀

「翻麵」手法 Step by Step

A. 麵糰基礎發酵 30 分鐘後。

B. 取出麵糰稍微調整成長方形。

C. 將長方形麵糰由上往下折，再由下往上折起。

D. 折好的麵糰轉 90 度，再由上往下、由下往上折起。

E. 將折好的麵糰，由上往下翻，將麵糰整成圓形，繼續發酵。

烘焙小知識

用手指判斷發酵的狀態

利用手指測試，是測試發酵是否完成的簡易動作。用手指沾少許麵粉，輕輕戳入麵糰中，抽出手指即可觀察麵糰呈現的凹洞狀態，以此判斷發酵是否完成。

✕	✕	●
發酵不足	**發酵過度**	**發酵完成**
手指戳下的凹洞立刻回縮，填補起來成平面狀。	手指戳下後，麵糰立刻陷下而無法回復。	手指戳下，凹洞大小幾乎無明顯變化，凹洞形狀維持。

什麼是水合法？

所謂水合法，就是除了鹽、奶油及酵母以外的材料先攪拌成糰，然後靜置 30 分鐘自我分解（使水和麵粉有時間可以融合，讓麵粉的蛋白質和水結合成筋膜，使麵糰更容易產生出薄膜），依序加入鹽及酵母攪拌 2 分鐘後，再加入奶油攪拌。

依這個方法打出來的麵糰能很輕鬆就會有薄膜，此方式就是「水合法」。

4.
排氣 / 分割 / 滾圓助成形

將發酵後的麵糰壓扁，排出麵糰內的氣體，依據用途將麵糰以刮板分切成所需重量，再分別揉成圓形，有幫助成形的作用。

5.
鬆弛 / 中間發酵不可少

滾圓後靜置麵糰，讓緊縮的麵糰鬆弛，方便成形。

方法是將割開的大塑膠袋（或濕棉布）蓋在滾圓的麵糰上，放置室溫（約32℃～35℃），一定要加蓋，避免吹風乾燥！

6.
整型讓麵包具變化

塑造麵包形狀的作業，用擀麵棍推開或捲起等等，依照麵包種類不同，做出各種造型。

7.
最後發酵一定要

蓋上塑膠袋或濕布，放置在比中間發酵溫度更高的地方，例如靠近烤箱處約35℃～38℃發酵。良好的後發條件是「溫暖、潮濕、無風之處」，因此建議放置在發酵箱，或是密閉的保麗龍箱或烤箱裡。

8.
烘烤重視預熱與烤溫

烤箱一定要提早預熱。入爐前，可視需要將最後發酵完成的麵糰做切割、塗刷和撒配料等烤前裝飾，再放入烤箱烘烤。

烘烤前也要注意排放麵糰的空間。須預留麵包膨脹的空間，以免破壞麵包造型的完整度，也影響烤溫與時間。

9.
出爐重敲脫模要立刻

放入烤模烘焙的麵包，要立刻脫模。還在烤盤上的麵包則要移至散熱架，讓麵包遠離溫熱的器材。

麵糰攪拌過程有哪些階段？

決定麵糰好吃與否的關鍵點

製作篇 2

攪拌一個完美的基礎麵糰，是製作好吃麵包最重要的關鍵，讓我們跟著
老師的步驟，開啟製作麵包的大門。

麵糰攪拌 Step by Step

① 混合攪拌

將乾濕材料（除了軟化的油脂以外）放入攪拌缸內，用低速
混合均勻成糰。

或是先放入液體（例如：冰水、牛奶），加入糖、鹽，先用
低速攪拌，再加入乾粉，用低速混合均勻成糰即可。

由於天氣、濕度以及麵粉的吸水率不同，請記得保留少許水
分，視情況加入攪拌，切記不要一次將水分全部倒入，避免
麵糰太過濕黏，無法補救。

② 拾起階段

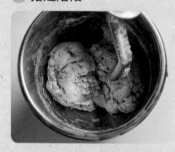

攪拌至所有材料與液體混勻，略成糰，表面粗糙濕黏，沒有
彈性，還會黏在攪拌缸上。

適時停止機器，刮乾淨沾黏在盆邊的麵粉，可以幫助麵糰順
利成形

③ 捲起階段

麵糰完全混合均勻成糰，麵筋已經形成，麵糰在攪拌缸會勾
黏住攪拌器，拿取時還會黏手。

軟化奶油會影響麵糰的吸水與麵筋擴展，所以必須等到麵筋
的網狀結構形成之後再加入，太早加入會阻礙麵筋的形成。

4 擴展階段

麵糰轉為光滑狀，麵筋已經形成，有彈性，用手撐開麵糰會形成不透光的薄膜，破裂口處會呈現出不平整、不規則的鋸齒狀。

5 完全擴展

麵糰柔軟光滑，具良好延展性，用手撐開麵糰會形成光滑有彈性的薄膜狀，破裂口處會呈現出平整無鋸齒狀。

新手不需要追求完全擴展階段的薄膜，因為對新手而言，再多打幾下麵糰，也許筋性就斷裂了，請務必小心。

 愛與恨老師的小叮嚀

適時停機很重要

打麵糰不是以時間來判斷，而是以麵糰是否能拉出筋膜來判斷。適時停止攪拌機，拿出麵糰，上下左右慢慢拉扯撐開，如果可以拉出堅韌透明的薄膜，就表示完成攪拌的基礎作業了！

麵糰攪拌的最終理想溫度

麵糰攪拌完成需保持在適合酵母作用的 25℃～ 27℃，這需要溫度計協助測試，而不是自己認為手摸涼涼就可以判讀的。

常有讀者使用攪拌機不停摩擦生熱，造成麵糰最終溫度過高，會使麵包體粗糙難入口，因此必須特別留意。

如果最終溫度偏低，可以拉長發酵時間；相反的，溫度偏高時，請縮短預定發酵的時間。

愛與恨老師 3 大經典麵包配方 & 做法大公開

配方篇

本書所使用的經典甜麵糰、奶香包、軟歐包配方，是老師經過多年的實務經驗所設計出最適合製作台式麵包、歐包等的麵糰配方。不論搭配鹹甜餡料，甚至是單吃都很美味，拿來做吐司，也非常好吃！讀者千萬不可以錯過老師的無私分享，相信這 3 款配方試過之後，你一定會愛上它們，想做鹹、甜麵包、吐司、小餐包，全都沒問題！

以下介紹台式麵包、奶香包、軟歐包所須的麵糰材料，讀者可以選擇想要製作的麵包款項，挑選麵糰種類，再依照 P.23「基礎麵糰製作程序」製作出基礎麵糰，再依每一款麵包的食譜，接續後面的製作步驟，完成好吃的麵包。

❶ 經典台式麵包各種重量麵糰成品所須材料一覽表　　　　　　單位：克

麵糰成品	乾性食材					濕性食材			無鹽奶油	備註
	高筋麵粉	奶粉	糖	鹽	酵母	全蛋	鮮奶	冰水		
500	250	7.5	50	2.5	2.5	50	50	63 ～ 65	25	書中台式麵包份量
600	300	10	60	3	3	60	60	80	30	書中 P.65 香蔥肉鬆捲配方

❷ 奶香包各種重量麵糰成品所須材料一覽表　　　　　　單位：克

麵糰成品	乾性食材					濕性食材		無鹽奶油	備註
	高筋麵粉	奶粉	糖	鹽	酵母	全蛋	鮮奶		
600	300	9	60	4.5	4.5	60	160	50	適麵包機或手揉
1200	600	18	120	9	9	120	320(預留 50 克)	100	書中 P.179 奶香包份量

❸ 軟歐包各種重量麵糰成品所須材料一覽表　　　　　　單位：克

麵糰成品	乾性食材					濕性食材				額外添加	無鹽奶油	備註
	高筋麵粉	奶粉	糖	鹽	酵母	全蛋	動物鮮奶油	水	沙拉油	果乾或堅果		
520 ～ 540	250	10	25	5	2.5	25	13	125		40 ～ 50	25	可做一條不帶蓋的 12 兩吐司
1040 ～ 1060	500	20	50	10	5	50	25	250	少許	80 ～ 100	50	書中 P.183 軟歐包份量

1 無鹽奶油置於室溫,軟化備用。

2 將乾性食材(麵粉、奶粉、糖、鹽、酵母)分區放入攪拌缸。

3 將液態材料(蛋、鮮奶、冰水)倒入攪拌缸(可預留50克的冰水,調整麵糰的濕度),以慢速攪拌成糰。

4 攪拌至鋼盆無沾黏,轉為中速,繼續攪拌到麵糰有拉力與彈性的狀態(拿起一塊麵糰,測試是否有薄膜)。

5 加入軟化的無鹽奶油,繼續慢速攪拌,奶油與麵糰融合之後,轉中速攪拌均勻。

6 當麵糰可以用雙手拉出薄膜時,為「完全擴展」階段的麵糰。

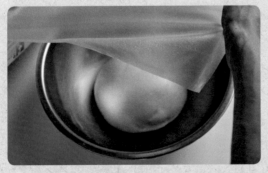

7 麵糰滾圓,收口朝下,放入抹了少許油的鋼盆中,麵糰噴少許水,蓋上濕布或保鮮膜。

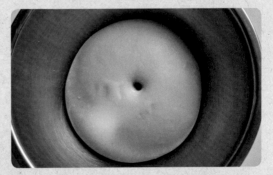

8 放置於溫暖密閉的空間,發酵約60分鐘,至麵糰兩倍大左右,完成基本發酵,即可開始製作本書中的台式麵包、奶香包及軟歐包。

PART 2

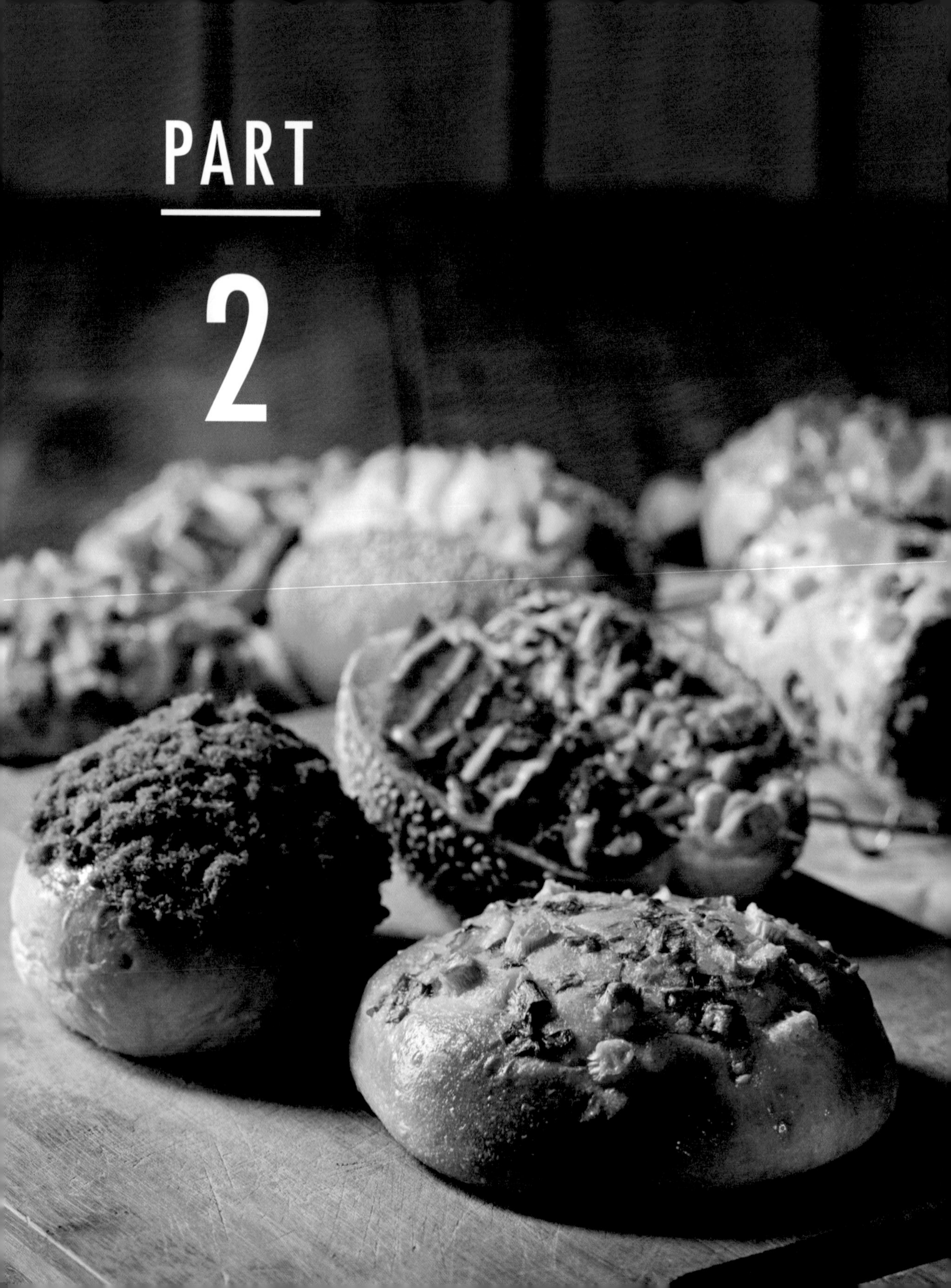

吃你千遍也不厭倦
歐伊細 鹹麵包

記憶中的早餐，

是巷口麵包店剛出爐的蔥麵包，

是忍不住大口咬下的肉鬆麵包，

還有，吮指回味的大熱狗麵包，

更有滿滿香氣的咖哩蔥油麵包……，

記憶中的午茶，

是媽媽剛做出來的四色沙拉麵包，

是營養滿分的薯泥麵包，

是滿嘴起司的火腿起司堡……，

不論是早餐或是午茶，

鹹麵包永遠是吃飽也吃巧，

是點心，也是正餐的好選擇！

蔥花麵包

　　台式麵包之王，蔥花麵包當之無愧。讓人百吃不膩的秘訣，在於使用少許的動物性油脂（豬油、鵝油）攪拌而成的香蔥餡，那香氣逼人、微鹹的口感，教人回味再三。

　　老師特別在餡料中加入蛋汁，除了黏著的效果，當它順著麵包流下來，烤焙後在底部呈現焦黃色澤，香氣指數更是破表！

材料 Ingredients

8 份

基礎麵糰------------------ 500 克

香蔥餡

青蔥----------------------- 100 克

鹽------------------------- 1 小匙

全蛋----------------------- 1/2 個

豬油（或沙拉油）------ 20~25 克

白胡椒粉------------------ 少許

表面裝飾

全蛋液-------------------- 適量

做法 Step by Step

A. 基礎麵糰製作 》

① 依 P.22「3 大經典麵包配方 & 做法大公開」，備好經典台式麵包基礎麵糰。

B. 中間發酵 》

② 將完成基礎發酵後的麵糰分割成 8 等份（每個約 60 克）。

③ 將分割好的麵糰滾圓。

④ 蓋上塑膠袋，讓麵糰進行中間發酵（約 20 分鐘）。

C. 整型 & 最後發酵 》

⑤ 中間發酵完成後，將麵糰拍扁整型，放入烤盤內進行最後發酵（約 40～50 分鐘）。

D. 烤前裝飾 》

⑥ 在麵糰進行最後發酵結束前 10 分鐘，製作香蔥餡。將蔥洗淨，切成蔥花，加入香蔥餡其餘材料拌勻備用。

⑦ 最後發酵後，在麵糰表面刷上全蛋液。

⑧ 鋪上香蔥餡。

> **TIPS**
>
> 因為蔥花遇到鹽巴會出水，因此建議在最後發酵結束前才製作。

E. 烘烤 》》

9 將烤箱預熱至指定溫度（上火 210℃ / 下火 170℃，若家裡的烤箱沒有上下火之分，建議預熱至 190℃），將鋪上香蔥餡的麵糰放入烤箱，先烤 10 分鐘，將烤盤轉向後，轉為上火 180℃ / 下火 150℃，再烤 6～7 分鐘，出爐後重敲，置於涼架上放涼。

 愛與恨老師的小叮嚀

香蔥餡太濕補救法

製作香蔥餡不小心倒入太多沙拉油，或是蛋汁下得太多，造成餡料太濕，無法附著於麵包表面，該怎麼辦呢？只要加入約 1 小匙的麵粉，讓麵粉吸收多餘水分或蛋液，就能讓蔥花餡乖乖停留在麵包表層，不會亂跑了。

保持蔥花青翠有秘訣

想要保持蔥花麵包上翠綠的青蔥顏色，建議一定要放入足夠的油脂和鹽，就可以杜絕蔥花氧化。記得要先拌勻油脂和調味料，再撒入蔥花。同時烘烤時建議高溫短時，避免青蔥焦黃失色！

台式麵包保存法

本書介紹的台式麵包因為採用直接法製作，剛出爐一定好吃，可是組織容易老化，建議常溫 1~2 天，冷凍一星期存放。

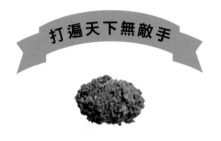

肉鬆麵包

肉鬆，是華人世界特有的食材，酥鬆乾爽的口感，甜鹹兼備，咀嚼間併發肉香，在在使人無法脫離魔掌。就算每次吃肉鬆麵包都會掉得到處都是屑屑，還是好想吃，這就是它不退流行的魅力。對許多人來說，它就是最鮮明的童年印記。

材料 Ingredients

8 份

基礎麵糰	500 克
表面裝飾	
全蛋液	適量
奶油餡	適量
肉鬆	適量

做法 Step by Step

A. 基礎麵糰 & 內餡製作 »

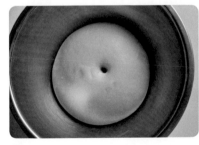

① 依 P.22「3 大經典麵包配方 & 做法大公開」，備好經典台式麵包基礎麵糰。依 P.33「愛與恨老師的小叮嚀」之「奶油餡這樣做！」製作奶油餡。

🥢 做法 Step by Step

B. 中間發酵 》》

② 將完成基礎發酵後的麵糰分割成 8 等份（每個約 60 克）。

③ 將分割好的麵糰滾圓。

④ 麵糰滾圓後蓋上塑膠袋，讓麵糰進行中間發酵（約 20 分鐘）。

C. 整型 》》

⑤ 中間發酵完成後，用擀麵棍將麵糰擀成長形。

⑥ 將擀開的麵糰翻面。

⑦ 依 P.198〈12 款麵包整型手法全記錄〉—橄欖形，完成長橄欖形麵糰。

D. 最後發酵 》》

⑧ 麵糰完成長橄欖形後，放入烤盤，覆蓋塑膠袋，置於溫暖密閉的空間進行最後發酵（建議約 40～60 分鐘直至麵糰膨脹至兩倍大）。

⑨ 麵糰最後發酵完成。

E. 烤前裝飾 》

⑩ 麵糰最後發酵後,將蛋打散成蛋液,在表面刷上全蛋液。

F. 烘烤 》

⑪ 將烤箱預熱至指定溫度(上火 210℃ / 下火 170℃,若家裡的烤箱沒有上下火之分,建議預熱至 190℃),將刷上蛋液的麵糰放入烤箱,先烤 10 分鐘,將烤盤轉向後,轉為上火 150℃ / 下火 150℃,再烤 5 分鐘,出爐後重敲,置於涼架上放涼。

G. 烤後裝飾 》

⑫ 將放涼後的麵包,表面均匀塗抹奶油餡。

⑬ 肉鬆置於淺盤上,塗抹好奶油餡的麵包面,沾上肉鬆。

TIPS

奶油餡與美乃滋沙拉醬的風味不同,功能都是幫助肉鬆黏著於麵包表面,建議讀者可以兩種風味都嘗試看看!

愛與恨老師的小叮嚀

奶油餡這樣做!

材料

無鹽奶油	250 克
糖粉	100 克
沙拉油	50 克

做法

無鹽奶油以攪拌器打發,加入糖粉攪拌均匀,再慢慢加入沙拉油(不用全下),混合均匀的同時,並調整軟硬度。

Tips

傳統配方會使用白油來製作,家庭配方改用無鹽奶油,更健康!甜度及軟硬度均可依個人喜好自行調整。

四色沙拉麵包

　　把麵包當作畫布，結合開放式三明治的概念，是一款用料豐富、視覺與味覺兼具的美味麵包。只要準備喜歡的乾爽食材，鹹甜隨意、葷素隨心，用你的創意與美感，排列組合出多彩多姿的麵包。這個概念，不論野餐或是派對都會大受歡迎，也可以讓孩子自己動手做，更添樂趣！

材料 Ingredients

8 份

示範影片在這裡！

基礎麵糰	500 克
表面裝飾	
白芝麻	適量
美乃滋	適量
鮪魚罐頭（或肉鬆）	適量
玉米粒	適量
火腿片	適量
小黃瓜絲（或生菜絲）	適量
乾燥蔥末	適量

做法 Step by Step

A. 基礎麵糰製作 》

① 依 P.22「3 大經典麵包配方 & 做法大公開」，備好經典台式麵包基礎麵糰。

B. 中間發酵 》

② 將完成基礎發酵後的麵糰分割成 8 等份（每個約 60 克）。

③ 將分割好的麵糰滾圓。

C. 整型 》

④ 麵糰滾圓後蓋上塑膠袋，讓麵糰進行中間發酵（約 20 分鐘）。

⑤ 中間發酵完成後，用擀麵棍將麵糰擀成長形。

⑥ 依 P.198〈12 款麵包整型手法全記錄〉─橄欖形，完成長橄欖形麵糰。

D. 最後發酵 》

⑦ 將麵糰光滑面沾上大量白芝麻，放入烤盤，覆蓋塑膠袋，置於溫暖密閉的空間進行最後發酵（建議約 40 ～ 60 分鐘直至麵糰膨脹至兩倍大）。

⑧ 麵糰最後發酵完成。

E. 烘烤 》

9 將烤箱預熱至指定溫度（上火 210℃ / 下火 170℃，若家裡的烤箱沒有上下火之分，建議預熱至 190℃），將麵糰放入烤箱，先烤 10 分鐘，將烤盤轉向後，轉為上火 150℃ / 下火 150℃，再烤 5 分鐘，出爐後重敲，置於涼架上放涼。

F. 組合 & 烤後裝飾 》

10 將橄欖形餐包以麵包刀自長邊切開不斷。

11 左右攤平後，塗抹少許美乃滋。

12 再鋪上瀝乾水分的玉米粒、小黃瓜絲（或生菜絲）、火腿片、鮪魚片（或肉鬆）。

13 上面擠上些許美乃滋，撒上乾燥蔥末裝飾即可。

鹹香好入口

大熱狗麵包

　　乾淨俐落的造型，麵糰均勻纏繞著熱狗，撒上披薩起司絲、少許美乃滋，鹹香撲鼻的滋味，勾人食慾，點綴乾燥蔥末，更顯得秀色可餐。可選擇較具口感的美式大熱狗，吃起來更有飽足感；若是換成小香腸，捲成一小個，很適合野餐時食用，別有一番滋味！

材料 Ingredients

8 份

基礎麵糰------------------ 500 克

內餡

熱狗---------------------- 8 條

表面裝飾

全蛋液-------------------- 適量

乾燥蔥末------------------ 適量

披薩起司絲--------------- 適量

美乃滋-------------------- 適量

做法 Step by Step

A. 基礎麵糰製作 ≫

① 依 P.22「3 大經典麵包配方 & 做法大公開」，備好經典台式麵包基礎麵糰。

B. 中間發酵 ≫

② 將完成基礎發酵後的麵糰分割成 8 等份（每個約 60 克）。

③ 將分割好的麵糰滾圓。

C. 整型 ≫

④ 麵糰滾圓後蓋上塑膠袋，讓麵糰進行中間發酵（約 20 分鐘）。

⑤ 發酵好的麵糰用擀麵棍擀開。

⑥ 將擀開的麵糰翻面再旋轉 90 度。

⑦ 長邊均勻由上往下捲起，鬆弛備用。

TIPS

由上往下捲起即將至底時，可以在底部略微按壓，增加黏性，以免捲起後在鬆弛過程中鬆開來。

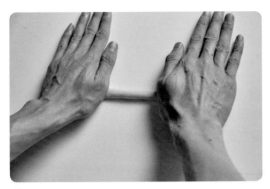

⑧ 左右壓住鬆弛好的麵糰。

⑨ 均勻施力將麵糰搓長。

⑩ 讓麵糰成為粗細一致,約 30 公分長條麵糰,置於一旁鬆弛備用。

⑪ 將鬆弛後的長條形麵糰,一頭搓細。

⑫ 纏繞在熱狗上。

⑬ 結尾時將尾端麵糰壓緊,以免最後發酵時鬆開。

做法 Step by Step

D. 最後發酵 》

14 整型完成後放入烤盤，覆蓋塑膠袋，置於溫暖密閉的空間進行最後發酵（建議約 60 分鐘直至麵糰膨脹至兩倍大）。

E. 烤前裝飾 》

15 麵糰最後發酵完成。

16 在表面刷上全蛋液。

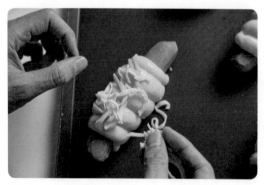

17 撒上起司絲。

18 加上少許美乃滋裝飾。

F. 烘烤 & 烤後裝飾 》

19 將烤箱預熱至指定溫度（上火 210℃ / 下火 170℃，若家裡的烤箱沒有上下火之分，建議預熱至 190℃），將麵糰放入烤箱，先烤 10 分鐘，將烤盤轉向後，轉為上火 150℃ / 下火 150℃，再烤 5 分鐘，出爐後重敲。撒上乾燥蔥末裝飾，置於涼架上放涼。

 愛與恨老師的小叮嚀

市售美乃滋較好用！

表面裝飾用的美乃滋，建議使用市售的一般品牌即可，不需要自己拌打。自製美乃滋容易水解，市售的美乃滋烘烤後線條明顯。

纏繞熱狗有撇步

纏繞在熱狗上的長條形麵糰，必須預留熱狗頭尾至少 2 公分的長度。因為麵糰發酵及烘烤的過程會再膨脹，若沒有預留長度，熱狗會被完全包覆，造型較不美觀。

發酵前

發酵後

烘烤後

起司條

　　鬆軟的長形麵包，烘烤時傳來陣陣起司鹹香，入口時有起司的鹹、美奶滋的微甜，不過多的調味，有一口接一口的魅力，家中如果有香蒜粉或是黑胡椒粒，輕輕撒上一起烘烤，有畫龍點睛的神效！

材料 Ingredients

8 份

基礎麵糰	500 克
表面裝飾	
美乃滋	適量
全蛋液	適量
披薩絲	適量
乾燥香蔥	適量

做法 Step by Step

A. 基礎麵糰製作 》

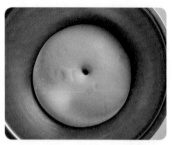

① 依 P.22「3 大經典麵包配方 & 做法大公開」，備好經典台式麵包基礎麵糰。

B. 中間發酵 》

② 將完成基礎發酵後的麵糰分割成 8 等份（每個約 60 克）。

③ 將分割好的麵糰滾圓。

C. 整型 》

④ 麵糰滾圓後蓋上塑膠袋，讓麵糰進行中間發酵（約 20 分鐘）。

⑤ 中間發酵好的麵糰用擀麵棍擀開。

⑥ 將擀開的麵糰翻面再旋轉 90 度。

⑦ 長邊均勻由上往下捲起，鬆弛備用。

TIPS

由上往下捲起即將至底時，可以在底部略微按壓，增加黏性，以免捲起後在鬆弛過程中鬆開來。

⑧ 左右壓住鬆弛好的麵糰。

D. 最後發酵 》

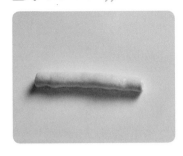

⑨ 均勻施力將麵糰搓長。

⑩ 讓麵糰成為粗細一致，約30公分長條形麵糰，置於一旁鬆弛備用。將鬆弛後的長條形麵糰排列至烤盤，蓋上塑膠袋，放置於溫暖密閉的空間進行最後發酵（建議 60 分鐘直至麵糰膨脹至兩倍大）。

E. 烤前裝飾 》

⑪ 麵糰最後發酵完成。

⑫ 在麵糰表面刷上全蛋液。

⑬ 再撒上披薩絲。

⑭ 最後在麵糰上畫上美乃滋細條紋。

TIPS

整型好放置烤盤時，請留意間隔距離，若將麵糰放得太近，發酵後烤出的麵包會黏在一起，不美觀！另外美乃滋及披薩絲都不宜過多，餡料過多會將麵包壓扁，破壞外型。

F. 烘烤 & 烤後裝飾 》

⑮ 將烤箱預熱至指定溫度（上火 180℃ / 下火 170℃，若家裡的烤箱沒有上下火之分，建議預熱至 175℃），將麵糰放入烤箱，先烤 10 分鐘，將烤盤轉向後，轉為上火 150℃ / 下火 150℃，再烤 5 分鐘，出爐後重敲，置於涼架上放涼，剛烤好的麵包撒上乾燥蔥末裝飾即可。

蔥花麵包進階版

咖哩蔥油麵包

　　蔥花麵包進階版，在傳統蔥油中，加入南洋風情的咖哩粉，烘烤時的迷人香氣，讓人食慾大開！使用辮子整型法，可以使盛裝餡料的面積加大，料多味美，誰都無法抗拒它的好滋味 。

 材料 Ingredients

5 份

基礎麵糰------------------ 500 克

咖哩蔥花餡

蔥花---------------------- 100 克

鹽------------------------- 1 小匙

咖哩粉-------------------- 1/2 匙

豬油（或沙拉油）------ 20~25 克

全蛋---------------------- 1/2 個

表面裝飾

全蛋液-------------------- 適量

示範影片在這裡！

🥄 做法 Step by Step

A. 基礎麵糰製作 》》

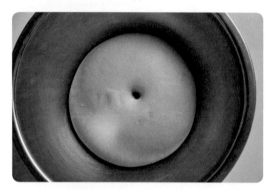

① 依 P.22「3 大經典麵包配方 & 做法大公開」，備好經典台式麵包基礎麵糰。

> **TIPS**
>
> 如何判斷發酵是否完成？請見 P.18「烘焙小知識」—用手指判斷發酵的狀態。

B. 中間發酵 》》

② 將完成基礎發酵後的麵糰，分割成每顆 33 克。

③ 將分割好的麵糰滾圓。

④ 蓋上塑膠袋，讓麵糰進行中間發酵（約 15 ～ 20 分鐘）。

C. 整型 》》

⑤ 發酵好的麵糰用擀麵棍擀開。

⑥ 將擀開的麵糰翻面再轉 90 度。

⑦ 長邊由上往下均勻捲起,置於一旁鬆弛 10 分鐘備用。

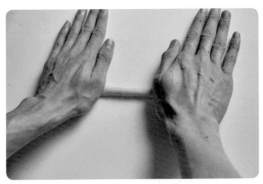

⑧ 左右壓住鬆弛好的麵糰。

⑨ 均勻施力將麵糰搓長。

⑩ 使其成為粗細一致,約 30 公分長條麵糰,
置於一旁鬆弛備用。

⑪ 取 3 條鬆弛過的長條麵糰,先將左右兩
條頂點固定,中間再放一條長條麵糰。

做法 Step by Step

D. 最後發酵 》

⑫ 依 P.195〈12 款麵包整型手法全記錄〉—
瓣子形，完成瓣子形麵糰。

⑬ 收口之後，兩端稍微搓細，整型成辮子麵
包，覆蓋塑膠袋，放入烤盤進行最後發酵。

⑭ 依 P.53「愛與恨老師的小叮嚀」之「咖哩
蔥花餡這樣做！」製作咖哩蔥花餡。

⑮ 麵糰最後發酵完成。

E. 烤前裝飾 》

⑯ 在麵糰上方刷上全蛋液。

⑰ 再均勻鋪上咖哩蔥花餡。

F. 烘烤 》

18 將烤箱預熱至指定溫度（上火 210℃／下火 170℃，若家裡的烤箱沒有上下火之分，建議預熱至190℃），將鋪上咖哩蔥花餡的麵糰放入烤箱，先烤 10 分鐘，將烤盤轉向後，轉為上火 180℃／下火150℃，再烤 5 分鐘，出爐後重敲，置於涼架上放涼。

 愛與恨老師的小叮嚀

咖哩蔥花餡這樣做！

材料

蔥花	100 克
鹽	1 小匙
糖	1 小匙
咖哩粉	1/2 小匙
豬油或沙拉油	60 克
蛋液	1/2 個

做法

將餡料材料全部放入大碗中，混合均勻備用。

Tips

蔥花餡為避免軟化出水，建議不要太早混拌，攪拌時動作要輕，不要拌太大力，避免出水。同時，記住蛋汁不用太多，油卻不能太少，青蔥才會翠綠，而且要烤之前才加在麵包上面！

咖哩粉本身沒有鹹味，但迷人的金黃色，馥郁的香氣，烘烤時格外引人食慾。

加了咖哩，口味更升級

咖哩蔥油麵包主要是品嘗蔥香與豬油混合的古早味，搭配淡淡咖哩香，是百吃不厭的經典款。但要提醒讀者，蔥花餡料份量不宜過多，份量適中才能與麵包相得益彰。

好看又好吃

熱狗花樣麵包

　　麥穗狀的整型手法，將內餡完美呈現在你的面前，以披薩概念呈現，豐富餡料鹹甜交織、食材色彩繽紛、外表造型華麗，每一口都可以吃到重點的設計，最令人欣賞。

材料 Ingredients

基礎麵糰------------------ 500 克

內餡

熱狗----------------------- 8 條

表面裝飾

玉米粒-------------------- 一碗

美乃滋-------------------- 適量

披薩起司絲-------------- 適量

全蛋液-------------------- 適量

乾燥蔥末---------------- 少許

8 份

示範影片在這裡！

55

🥄 做法 Step by Step

A. 基礎麵糰製作 》》

① 依 P.22「3 大經典麵包配方 & 做法大公開」，備好經典台式麵包基礎麵糰。

B. 中間發酵 》》

② 將完成基礎發酵後的麵糰分割成 8 等份（每個約 60 克）。

③ 將分割好的麵糰滾圓。

④ 麵糰滾圓後蓋上塑膠袋，讓麵糰進行中間發酵（約 20 分鐘）。

C. 整型 》》

⑤ 中間發酵完成後，將麵糰略微壓扁，用擀麵棍將麵糰擀開，翻面轉 90 度慢慢將麵皮拉擀成四方形。

⑥ 將熱狗置於麵皮上方，由上往下慢慢捲起。

⑦ 依 P.203〈12 款麵包整型手法全記錄〉—麥穗形，完成麥穗形花樣。

D. 最後發酵 》》

⑧ 完成麥穗形狀後，覆蓋塑膠袋，放入烤盤進行最後發酵。

E. 烤前裝飾 »

⑨ 麵糰最後發酵完成。

⑩ 在表面刷上全蛋液。

⑪ 中間放上玉米粒、鋪滿起司絲。

⑫ 擠上美乃滋,最後再撒上少許乾燥蔥末裝飾即可。

F. 烘烤 »

⑬ 將烤箱預熱至指定溫度(上火 200℃ / 下火 160℃,若家裡的烤箱沒有上下火之分,建議預熱至 180℃),將鋪上餡料的麵糰放入烤箱,先烤 10 分鐘,將烤盤轉向後,轉為上火 180℃ / 下火 150℃,再烤 5 分鐘,出爐後重敲,置於涼架上放涼。

 愛與恨老師的小叮嚀

配料份量要適中

配料口味可以隨意改變,但放置時避免在中間堆高,烤焙時溫度不易均勻受熱。建議平鋪即可,而且不要因為貪心而放太多配料,壓扁麵糰,份量適中才是美味的王道。

薯泥沙拉麵包

「吃巧也吃飽」非常適合拿來形容薯泥沙拉麵包。馬鈴薯營養豐富，其包容性強，與許多食材都可以完美結合，與甜麵包一起食用，具有飽足感，最適合青春期正在成長的孩子。

材料 Ingredients

基礎麵糰----------------- 500 克
內餡
薯泥沙拉----------------- 適量

8 份

做法 Step by Step

A. 基礎麵糰製作 》

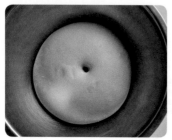

① 依 P.22「3 大經典麵包配方 & 做法大公開」，備好經典台式麵包基礎麵糰。

B. 內餡製作 》

② 依 P.62「愛與恨老師的小叮嚀」之「薯泥沙拉這樣做！」製作薯泥沙拉。

C. 中間發酵 》

③ 將完成基礎發酵後的麵糰分割成 8 等份（每個約 60 克）。

D. 整型 》

④ 將分割好的麵糰滾圓。

⑤ 麵糰滾圓後蓋上塑膠袋，進行中間發酵（約 20 分鐘）。

⑥ 中間發酵完成後，用擀麵棍將麵糰擀成長形。

⑦ 將擀開的麵糰翻面。

⑧ 由上往下逐步將麵糰捲起。

⑨ 依 P.198〈12 款麵包整型手法全記錄〉—橄欖形，完成長橄欖形麵糰。

E. 最後發酵 》

⑩ 將麵糰正面沾上大量白芝麻,放入烤盤,覆蓋塑膠袋,置於溫暖密閉的空間進行最後發酵(建議約 40 ～ 60 分鐘直至麵糰膨脹至兩倍大)。

⑪ 麵糰最後發酵完成。

F. 烘烤 》

⑫ 將烤箱預熱至指定溫度(上火 210℃ / 下火 170℃,若家裡的烤箱沒有上下火之分,建議預熱至 190℃),將麵糰放入烤箱,先烤 10 分鐘,將烤盤轉向後,轉為上火 150℃ / 下火 150℃,再烤 5 分鐘,出爐後重敲,置於涼架上放涼。

G. 組合 》

⑬ 將橄欖型餐包以麵包刀自長邊切開不斷。

⑭ 塞滿薯泥沙拉即可。

做法 Step by Step

 愛與恨老師的小叮嚀

薯泥沙拉這樣做！

材料

美乃滋	一小條
馬鈴薯	3 個
水煮蛋	3 個
紅蘿蔔	一小條
鹽	少許

做法

1. 將馬鈴薯去皮切塊蒸熟，趁熱撒上少許鹽調味，壓成薯泥備用。
2. 紅蘿蔔切小丁，燙熟備用；水煮蛋切小丁備用。
3. 將以上材料與美乃滋攪拌均勻即可，美乃滋的使用份量依照個人喜好調整。

變化口味看這裡！

馬鈴薯也可以換成南瓜或是地瓜，甚至做成雙薯沙拉 (馬鈴薯 + 番薯) 也非常好吃。也可以使用冷凍什錦蔬菜，燙熟備用，顏色更漂亮。若是食材中有小黃瓜丁，建議不要太早加入沙拉中，以免出水。另外，使用瀝乾的水煮鮪魚片、火腿切丁，或是小火煸乾的培根碎等，做成葷食，也都很對小朋友的胃口。

要注意，挖取沙拉的湯匙不要沾到生水，沙拉容易腐壞，要注意保存條件。

如何保存與享用美味的麵包？

忙碌的職業婦女或是抽空製作麵包的讀者，也許一次準備一個星期的美味早餐，應該如何保存麵包，才能維持美味的口感？

● 當日食用最美味

台式鹹麵包、甜麵包，口味多變，大量使用美乃滋、沙拉醬、奶油餡及各式蔬果泥，不易保存，冷凍再解凍之後的口感會變差，因此建議這類麵包最好當日食用完畢。

● 大家可能以為麵包只要冰起來就不會壞，但是澱粉冷藏之後會逐漸老化，失去口感。所以自製麵包放涼之後，請趕快使用材質較厚的塑膠袋，密封保鮮袋、真空保鮮盒，將麵包個別裝好，冷凍保存。避免水分流失，同時也避免吸附冰箱內其他生鮮食品的味道。

真空保鮮盒

麵包如何加熱？

1. 電鍋加熱：電鍋底部，用兩張廚房紙巾沾濕墊入，墊個架子，放上吐司或麵包，按下開關加熱。
2. 微波：老師並不特別推薦使用微波爐加熱，因為中心點容易過熱乾燥。如果真的只能用微波爐，建議短時間快速加熱，同時趕快吃完，不然容易乾燥變硬。
3. 小烤箱：可以在麵包表面稍微噴點水，加熱一下，會有脆脆的口感。

香蔥肉鬆捲

只要有蔥，就很台，加上肉鬆，更是集台包之大成！加上美乃滋的香甜油潤，完美結合所有材料，造型可愛，方便食用，你想試試看嗎？

材料 Ingredients

一盤

基礎麵糰----------------- 600 克

（註：此款麵包需要 600 克麵糰，材料配方請見 P.22「3 大經典麵包配方 & 做法大公開」）

夾餡

奶油餡（或美乃滋）--- 適量

肉鬆----------------------- 適量

表面裝飾

全蛋液-------------------- 適量

玉米粒-------------------- 適量

火腿丁-------------------- 適量

香蔥餡-------------------- 約 300 克

（請依 P.27「蔥花麵包」的香蔥餡配方製作雙倍份量）

白芝麻-------------------- 少許

🥄 做法 Step by Step

A. 基礎麵糰製作 》

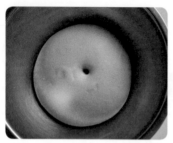

① 依 P.22「3 大經典麵包配方 & 做法大公開」，備好經典台式麵包基礎麵糰。

B. 中間發酵 》

② 取出基礎麵糰，滾圓後，蓋上塑膠袋，進行中間發酵（約 20 分鐘）。

C. 整型 》

③ 中間發酵後，將麵糰整個拍扁。

④ 慢慢將麵糰擀壓成和烤盤一樣大的麵片。

⑤ 將麵片挪至烤盤上。

D. 最後發酵 》

⑥ 均勻戳上數個小孔，避免烤焙時過度膨脹。覆蓋塑膠袋，放入烤盤進行最後發酵。

⑦ 麵糰最後發酵完成。

E. 烤前裝飾 》》

⑧ 將麵糰刷上全蛋液。

⑨ 在麵糰上方撒上玉米粒、火腿丁、香蔥餡（做法見P.27「蔥花麵包」）、白芝麻裝飾。

F. 烘烤 》》

⑩ 將烤箱預熱至指定溫度（上火 210℃／下火 170℃，若家裡的烤箱沒有上下火之分，建議預熱至 190℃），將刷上蛋液、撒上材料的麵糰放入烤箱，先烤 10 分鐘，將烤盤轉向後，轉為上火 150℃／下火 150℃，再烤 5 分鐘，出爐後重敲，置於涼架上放涼。

G. 完成捲體 》》

⑪ 麵包出爐後待麵包體冷卻，將麵包自烤盤翻面取下，移至烘焙紙上。

⑫ 有蔥花的金黃面朝下，抹上美乃滋或奶油餡（做法見 P.33「愛與恨老師的小叮嚀」奶油餡這樣做！）

⑬ 在一側撒上寬約 20 公分左右的肉鬆。

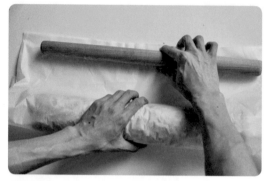

⑭ 利用烘焙紙與擀麵棍,將麵包捲起至底,等待定型。

H. 組合 & 烤後裝飾 》

TIPS

將麵包體放在不沾的烤焙紙上,用擀麵棍捲起,並將結合口朝底靜置,待定型再分切成段。

⑮ 將定型的麵包捲,切掉前端約 2 公分。

⑯ 再每 10 公分切成段。

⑰ 將麵包兩端抹上美乃滋或奶油餡

⑱ 分別沾上肉鬆即可。

香蔥麵包三兄弟

蔥麵包是台式麵包的靈魂，它的造型千變萬化，也因為時代的需求，有了口味與外型的改變。

但無論如何變化，蔥花與豬油完美搭配的滋味，一直是許多人的心頭好！

我愛蔥花麵包，那是童年的味道、滿足的午后點心、饑腸轆轆時好麻吉。

火腿起司堡

它算是台包嗎？我覺得，只要是台灣人愛吃的麵包，都算是台包！

鬆軟麵包裡面包裹起司與火腿片，表面沾覆大量帕瑪森起司粉，烘烤時香氣四溢，真是迷人的麵包！

烤好後的火腿起司堡，放涼之後，可以用麵包刀對角斜切，好看又方便食用。

材料 Ingredients

5 份

基礎麵糰----------------- 500 克

內餡

起司片-------------------- 5 片

火腿片-------------------- 5 片

表面裝飾

帕瑪森起司粉----------- 適量

做法 Step by Step

A. 基礎麵糰製作 »

① 依 P.22「3 大經典麵包配方 & 做法大公開」，備好經典台式麵包基礎麵糰。

B. 中間發酵 »

② 將完成基礎發酵後的麵糰分割成 5 等份（每個約 100 克）。

③ 將分割好的麵糰滾圓。

C. 整型 »

④ 麵糰滾圓後蓋上塑膠袋，進行中間發酵（約20分鐘）。

⑤ 中間發酵好的麵糰以擀麵棍擀開，成橢圓形麵皮。

⑥ 將橢圓形麵皮翻面，慢慢將麵皮拉擀。

⑦ 上下左右慢慢拉擀成長方形（長度是起司片的兩倍）。

⑧ 擀成長方形的麵皮，中間放上火腿片與起司片。上下麵皮往中間折，做成正方形堡後，正面沾滿帕瑪森起司粉。

TIPS

包覆火腿片及起司片時，一定要把麵糰兩端完整包好，避免烘烤時，起司片融化，不易清理。

D. 最後發酵 》

10 沾滿起司粉的正方形堡，收口朝下置於烤盤上，蓋上塑膠袋，放置於溫暖密閉的空間進行最後發酵（建議 60 分鐘直至麵糰膨脹至兩倍大）。

E. 烤前裝飾 》

11 麵糰最後發酵後，用小刀在表面斜割五條線。

F. 烘烤 》

12 將烤箱預熱至指定溫度（上火 200℃ / 下火 160℃，若家裡的烤箱沒有上下火之分，建議預熱至 180℃），將麵糰放入烤箱，先烤 10 分鐘，將烤盤轉向後，轉為上火 150℃ / 下火 150℃，再烤 5 分鐘，出爐後重敲，置於涼架上放涼，食用時斜切即可。

台式披薩

焗烤香培

因應時代的改變，台包也有了新口味。這款以披薩為概念設計出的台式麵包，將大大的披薩變小了，上頭只要放上適量的佐料，擠上少許美乃滋潤口，彷彿小型披薩麵包就完成了！可以全素，也可以搭配孩子喜歡的肉類，變化萬千！

材料 Ingredients

8 份

基礎麵糰----------------- 500 克	
表面裝飾	
冷凍什錦蔬菜----------- 240 克	
(三色豆)	
美乃滋-------------------- 適量	
披薩起司絲-------------- 適量	
全蛋液-------------------- 適量	
黑胡椒粗粉-------------- 適量	

做法 Step by Step

A. 基礎麵糰製作 》》

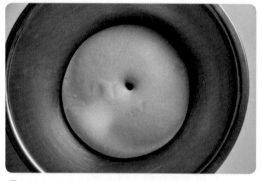

① 依 P.22「3 大經典麵包配方 & 做法大公開」，備好經典台式麵包基礎麵糰。

B. 中間發酵 》》

② 將完成基礎發酵後的麵糰分割成 8 等份（每個約 60 克）。

③ 將分割好的麵糰滾圓。

④ 麵糰滾圓後蓋上塑膠袋，進行中間發酵（約 20 分鐘）。

C. 整型 & 最後發酵 》》

⑤ 中間發酵完成後，將麵糰拍扁整型，放入烤盤內進行最後發酵（約 40 ～ 50 分鐘）。

D. 烤前裝飾 》》

⑥ 將冷凍什錦蔬菜汆燙好備用，待涼拌入少許美乃滋攪拌均勻後，再撒上適量黑胡椒粗粉。

⑦ 發酵好的麵糰，均勻刷上全蛋液。

⑧ 將攪拌均勻的配料放置在麵包表面。

⑨ 撒上披薩起司絲。

⑩ 最後再擠上美乃滋細絲。

E. 烘烤 ≫

⑪ 將烤箱預熱至指定溫度（上火 200℃／下火 160℃，若家裡的烤箱沒有上下火之分，建議預熱至 180℃），將鋪上餡料的麵糰放入烤箱，先烤 10 分鐘，將烤盤轉向後，轉為上火 180℃／下火 150℃，再烤 5 分鐘，出爐後重敲，置於涼架上放涼。

風情乳酪

　　從裡到外，都是起司風味，如果你是起司控，一定會喜歡它。金黃耀眼的外型，抓住你的視線；飽滿的內餡，也抓住你的胃。剝開來牽絲的起司，混搭著香蔥及美乃滋的甜，讓人意猶未盡，當做早餐或是午茶點心，都是絕佳的好選擇。

材料 Ingredients

8 份

基礎麵糰------------------ 500 克

內餡

起司片-------------------- 8 片

表面裝飾

美乃滋-------------------- 適量

披薩起司絲 ------------- 適量

乾燥蔥末------------------ 少許

全蛋液-------------------- 適量

🥄 做法 Step by Step

A. 基礎麵糰製作 》》

① 依 P.22「3 大經典麵包配方 & 做法大公開」，備好經典台式麵包基礎麵糰。

B. 中間發酵 》》

② 將完成基礎發酵後的麵糰分割成 8 等份（每個約 60 克）。

③ 將分割好的麵糰滾圓。

C. 整型 》》

④ 麵糰滾圓後蓋上塑膠袋，進行中間發酵（約 20 分鐘）。

⑤ 中間發酵好的麵糰以擀麵棍擀開，成橢圓形麵皮。

⑥ 將橢圓形麵皮翻面後，慢慢將麵皮底部拉擀成方形，並將長方形麵糰的底邊壓薄。

⑦ 將備好的起司片放置於上端。

⑧ 依 P.201〈12 款麵包整型手法全記錄〉—長條形，完成長條形麵糰。

> **TIPS**
>
> 由於麵皮底邊壓薄，可以使麵糰呈現厚薄均勻的圓筒狀。

D. 最後發酵 》

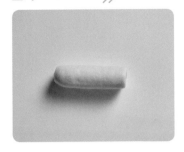

⑨ 將整型好的麵糰蓋上塑膠袋,放置於溫暖密閉的空間進行最後發酵(建議 60 分鐘直至麵糰膨脹至兩倍大)。

⑩ 麵糰最後發酵完成。

E. 烤前裝飾 》

⑪ 在麵糰表面刷上全蛋液。

⑫ 鋪滿起司絲。

⑬ 再擠上美乃滋細絲。

F. 烘烤 & 烤後裝飾 》

⑭ 將烤箱預熱至指定溫度(上火 200℃ / 下火 160℃,若家裡的烤箱沒有上下火之分,建議預熱至 180℃),將麵糰放入烤箱,先烤 10 分鐘,將烤盤轉向後,轉為上火 180℃ / 下火 150℃,再烤 5 分鐘,出爐後重敲,置於涼架上放涼,剛烤好的麵包撒上乾燥蔥末裝飾即可。

 愛與恨老師的小叮嚀

擀捲美,麵包就成功一半!

市售的起司片有多種口味,大家可以盡情挑選。擀捲要多練習,一開始要擀緊一點,才可以減少空洞的產生。

大樂堡

　　彷彿孔雀開屏的造型，充滿立體感，把喜歡吃的配料，一層層堆疊起來，搭配一杯香濃的牛奶，或是一碗料好實在的濃湯，就是豐富的一餐。長條的熱狗、搭配火腿片、起司片及滿滿的鮪魚及沙拉，這堡，一吃就樂！

 材料 Ingredients

8 份

基礎麵糰------------------	500 克
內餡	
熱狗----------------------	8 條
玉米粒--------------------	一碗
水煮鮪魚罐頭-----------	一罐
小黃瓜--------------------	適量
火腿片--------------------	4 片
起司片--------------------	4 片
表面裝飾	
白芝麻粒------------------	適量
美乃滋--------------------	適量

做法 Step by Step

A. 炸熱狗 》

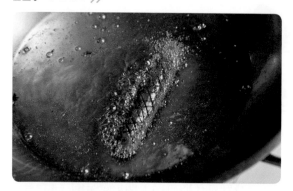

① 將熱狗畫上交叉格子花紋，小火炸熟備用。

B. 基礎麵糰製作 》

② 依 P.22「3 大經典麵包配方 & 做法大公開」，備好經典台式麵包基礎麵糰。

C. 中間發酵 》

③ 將完成基礎發酵後的麵糰分割成 8 等份（每個約 60 克）。

④ 將分割好的麵糰滾圓。

D. 整型 》

⑤ 麵糰滾圓後蓋上塑膠袋，進行中間發酵（約20分鐘）。

⑥ 中間發酵好的麵糰以擀麵棍擀開，成橢圓形麵皮。

⑦ 將擀開的麵糰翻面。

⑧ 由上往下逐步將麵糰捲起。

⑨ 依 P.198〈12 款麵包整型手法全記錄〉—橄欖形，完成長橄欖形麵糰。

⑩ 將麵糰正面沾上大量白芝麻。

E. 最後發酵 》

⑪ 將沾上大量白芝麻的橄欖形麵糰放入烤盤，覆蓋塑膠袋，置於溫暖密閉的空間進行最後發酵（建議約 40 ～ 60 分鐘直至麵糰膨脹至兩倍大）。

⑫ 麵糰最後發酵完成。

F. 烘烤 》

⑬ 將烤箱預熱至指定溫度（上火 210℃ / 下火 170℃，若家裡的烤箱沒有上下火之分，建議預熱至 190℃），將麵糰放入烤箱，先烤 10 分鐘，將烤盤轉向後，轉為上火 150℃ / 下火 150℃，再烤 5 分鐘，出爐後重敲，置於涼架上放涼。

做法 Step by Step

G. 組合 & 烤後裝飾 »

⑭ 將橄欖型餐包以麵包刀自長邊切開不斷。

⑮ 塗上美乃滋。

⑯ 放上瀝乾水分的玉米粒與鮪魚片。

⑰ 略微將麵包開口閉合。

⑱ 放上炸熟的熱狗。

⑲ 擺上切成三角形的火腿片。

⑳ 擺上切成三角形的起司片。

㉑ 裝飾上小黃瓜片。

㉒ 再放玉米粒配色。

㉓ 擠上少許美乃滋即可。

 愛與恨老師的小叮嚀

組合隨意，好吃就好！

喜歡蔬菜的朋友，可以搭配美生菜切絲，大番茄切片，或是用滷蛋切片取代炸熟的熱狗，隨意組合，充滿樂趣。

PART

3

花樣多口味佳
超好吃 甜麵包

紅豆麵包是戀愛的滋味，

菠蘿夾心麵包是甜蜜的分享，

克林姆麵包你我各一半，

奶油螺卷甜滋滋，

還有花生、芋泥與草莓，

吃在嘴裡，甜在心裡。

甜麵包，

是小時候媽媽牽著我的手，

在麵包店舉棋不定的點心；

也是現在兒女們左右為難，

不知要媽媽做什麼的午後美味。

甜麵包，

甜甜蜜蜜的好滋味！

菠蘿麵包

　　對很多人來說，菠蘿麵包是台式麵包的代名詞。1960 年代，由香港傳入台灣，因其烘烤之後凹凸不平的外表狀似菠蘿而得名，實際上並沒有菠蘿（鳳梨）的成分。傳統菠蘿麵包是沒有餡料的，藉由酥脆的餅乾外皮，豐富口感，有些小朋友甚至只愛吃菠蘿皮，由此可見其美味程度。

材料 Ingredients

8 份

材料	份量
基礎麵糰	500 克
菠蘿皮	約 20 份
無鹽奶油	100 克
糖粉	100 克
全蛋	1 個
奶粉	10 克
高筋麵粉	約 250 ～ 300 克
表面裝飾	
全蛋液	適量

示範影片在這裡！

做法 Step by Step

A. 製作菠蘿皮 》

① 將奶油與糖粉攪拌均勻，至顏色變淡略微鬆發的狀態，分次（3 次）加入全蛋液充分攪拌，最後加入奶粉拌勻。再慢慢加入高筋麵粉（如圖）拌至不沾手的狀態即可。

② 將菠蘿皮麵糰搓揉成長條狀，分割成每個 25 克的小麵糰備用。

TIPS

菠蘿皮最佳的狀態是調整至如耳垂的軟硬度即可。

B. 基礎麵糰製作 》

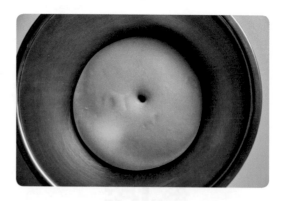

③ 依 P.22「3 大經典麵包配方 & 做法大公開」，備好經典台式麵包基礎麵糰。

C. 中間發酵 》》

④ 將完成基礎發酵後的麵糰分割成 8 等份（每個約60 克）。

⑤ 將分割好的麵糰滾圓。

⑥ 麵糰滾圓後蓋上塑膠袋，進行中間發酵（約 20分鐘）。

D. 整型 》》

⑦ 工作檯面先撒上高筋麵粉，將鬆弛好的麵糰，整成圓球形。

⑧ 抓住收口處，準備沾黏菠蘿皮。

⑨ 麵糰的光滑面與菠蘿皮黏合。

⑩ 在掌心以旋轉方式，將菠蘿皮慢慢推薄。

⑪ 菠蘿皮包覆整個麵糰。

TIPS

旋轉過程中，可適量沾取高粉，避免菠蘿皮遇熱變得濕黏。

🥄 做法 Step by Step

E. 最後發酵 》》

⑫ 包滿菠蘿皮的麵糰利用模型壓出，或刮板、刀背切畫出花紋。

⑬ 將畫好花紋的菠蘿麵糰排列至烤盤，放置於室溫（或約 30～35℃）的密閉環境進行最後發酵，讓麵糰膨脹至兩倍大（至少 40～60 分鐘）。

F. 烤前裝飾 》》

⑭ 麵糰最後發酵完成。

⑮ 在表面刷上全蛋液。

TIPS

最後發酵建議在室溫下密閉的空間進行（但溫度也不能過高，且要補充濕度），避免菠蘿皮的油脂融化，影響造型的美觀。同時也必須拉長後發的時間，直到充分發酵完成。製造適合的發酵環境，菠蘿麵包才會發得好。

G. 烘烤 》》

⑯ 將烤箱預熱至指定溫度（上火 210℃／下火 170℃），將菠蘿麵糰放入烤箱，先烤 10 分鐘，將烤盤轉向後，轉為上火 150℃／下火 150℃，再烤 5 分鐘，出爐後重敲，置於涼架上放涼。

愛與恨老師的小叮嚀

整型手法偷吃步

如果對於徒手將菠蘿皮與甜麵團結合充滿恐懼，可嘗試新手偷吃步──「烘焙紙／塑膠袋整型法」。

A.

烘焙紙／塑膠袋當底，將菠蘿皮麵糰置於上頭，在菠蘿皮麵糰上方再放上一張烘焙紙／塑膠袋（圖A）。

B.

以手壓扁（圖B-1）後再以擀麵棍擀開菠蘿皮至適當大小（圖B-2）。

C.

打開上層烘焙紙／塑膠袋，將麵糰放在菠蘿皮中央（圖C）。

D.

抓住下層烘焙紙／塑膠袋的四端（圖D-1），以像製作晴天娃娃手勢，將菠蘿皮完整包覆麵糰（圖D-2）。

E.

最後將烘焙紙／塑膠袋打開，就是一個漂亮的菠蘿麵包（圖E）。

花捲紅豆麵包

　　傳統的紅豆麵包，不論在台灣或日本的麵包店都扮演重要角色，連卡通「麵包超人」也都是用紅豆麵包來飾演的呢！傳統的紅豆麵包是圓形，這幾年開始有一些花樣的吸睛造型出現。但無論造型如何改變，紅豆麵包吃的是豆香甜美馥郁的滋味，如果是自製顆粒紅豆泥，口感更有層次，一整個「歐伊細」！

材料 Ingredients

8份

基礎麵糰----------------- 500 克

紅豆內餡----------------- 160 ～ 240 克

表面裝飾

全蛋液-------------------- 適量

黑芝麻-------------------- 適量

做法 Step by Step

A. 基礎麵糰製作 》》

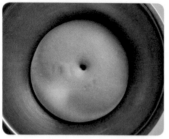

① 依 P.22「3 大經典麵包配方 & 做法大公開」，備好經典台式麵包基礎麵糰。

B. 內餡製作 》》

② 依 P.101「愛與恨老師的小叮嚀」之「紅豆內餡這樣做！」製作紅豆內餡。

C. 中間發酵 》》

③ 將完成基礎發酵後的麵糰，分割成 8 等份（每個約 60 克）。

D. 包餡 》》

④ 將分割好的麵糰滾圓。

⑤ 麵糰滾圓後蓋上塑膠袋，進行中間發酵（約 20 分鐘）。

⑥ 完成中間發酵後，將麵糰拍扁。

⑦ 翻開麵糰。

⑧ 包入 20 克紅豆餡。

⑨ 收口捏緊後，收口朝下放在烤盤上。

E. 整型 》

⑩ 鬆弛好的麵糰，先用手將麵糰拍扁，再用擀麵棍輕輕推擀。

⑪ 用鋒利的小刀在表層麵皮劃上均勻斜線。

⑫ 麵皮翻面再轉 90 度，自長邊由上往下捲起。

F. 最後發酵 》

⑬ 依 P197〈12 款麵包整型手法全記錄〉—花捲，完成花捲麵糰。

⑭ 將捲好的麵糰排列至烤盤，蓋上塑膠袋，放置於溫暖密閉的空間進行最後發酵（建議 40 ～ 60 分鐘直至麵糰膨脹至兩倍大）。

🥄 做法 Step by Step

G. 烤前裝飾 »

⑮ 麵糰最後發酵完成。

⑯ 麵糰完成最後發酵後，在表面刷上全蛋液。

⑰ 中間沾上少許黑芝麻裝飾。

H. 烘烤 »

⑱ 將烤箱預熱至指定溫度（上火 210℃ / 下火 170℃，若家裡的烤箱沒有上下火之分，建議預熱至 190℃），將麵糰放入烤箱，先烤 10 分鐘，將烤盤轉向後，轉為上火 150℃ / 下火 150℃，再烤 5 分鐘，出爐後重敲，置於涼架上放涼。

 愛與恨老師的小叮嚀

傳統包法，想念的滋味！
傳統紅豆麵包是圓形的，一口咬下，紅豆的香甜令人回味無窮。圓形紅豆麵包的做法就做到「D. 包餡」步驟 9 後，進行至少 40 分鐘的最後發酵。

1. 最後發酵完成。

2. 刷上全蛋液。

3. 在麵糰表面沾上少許黑芝麻裝飾。

4. 即可進烤箱烘烤，烘烤方式如同「H. 烘烤」。

紅豆餡先整型還是抹入？哪一種方式比較好？

紅豆餡如果較乾，可以先整型成小球狀，對新手來說，較好包餡。

若是軟硬適中的餡料，則適合用抹入的方式包餡，盡量不沾手！

紅豆內餡這樣做！

材料（約可做 570～600 克）

紅豆	200 克
水	適量
細砂糖	110 克
沙拉油	2 大匙
無鹽奶油	1 大匙
鹽	一小撮

Tips

建議使用不沾鍋製作，火力不能太旺，容易炒焦。須耐心收乾水分，就可以炒出有豆香味的自製紅豆泥了！其實紅豆餡的做法很多，以上的做法僅供參考。

做法

1. 紅豆先用水浸泡 2～3 小時，待紅豆膨脹後，將水瀝乾。
2. 加水蓋過紅豆約 1 公分高，以大火將紅豆與水煮滾後，將水瀝乾，藉以去掉紅豆澀味。
3. 原鍋再加水蓋過紅豆約 1 公分高，放入電鍋，外鍋加 1 杯水，按下開關，跳起後燜 45 分鐘。
4. 測試一下紅豆的硬度，外鍋再加 1 杯水，開關跳起後，再燜 45 分鐘。
5. 如果要做「蜜紅豆」，起鍋後拌入 110 克細砂糖、少許鹽，輕輕拌勻後，放置於冰箱冷藏隔夜，紅豆吸入糖水，即為美味的「蜜紅豆」。
6. 如果要做「紅豆餡」，除了加入細砂糖和少許鹽外，再加入沙拉油和無鹽奶油，在鍋中拌炒成泥狀。注意不要炒太乾，因為放涼後，紅豆餡會稍微變硬，炒好的紅豆餡放涼密封冷藏即可，不沾生水，保存期限約一週，也可分裝放入冷凍庫保存。

好事會「花」生

花生幸運草麵包

　　花生麵包是台式麵包特有的口味，不論是花生醬的油潤香甜；還是花生粉的顆粒口感，都帶有濃濃的台灣風味，更是陪伴大家度過童年的美味記憶之一。

　　要特別注意的是，花生醬的風味好壞，保存條件是否良好，都是這款麵包好不好吃的關鍵！

材料 Ingredients

8 份

基礎麵糰------------------ 500 克
花生內餡------------------ 240 克
表面裝飾
全蛋液-------------------- 適量
杏仁片-------------------- 少許

做法 Step by Step

A. 基礎麵糰 & 內餡製作 》

① 依 P.22「3 大經典麵包配方 & 做法大公開」，備好經典台式麵包基礎麵糰。依 P.107「愛與恨老師的小叮嚀」之「花生內餡這樣做！」製作花生內餡。

TIPS

除了自製外，亦可使用市售花生醬做為內餡，不論是顆粒或柔滑口感皆可。

B. 中間發酵 》

② 將完成基礎發酵後的麵糰分割成 8 等份（每個約 60 克）。

③ 將分割好的麵糰滾圓。

④ 麵糰滾圓後蓋上塑膠袋，進行中間發酵（約20分鐘）。

C. 包餡 》

⑤ 中間發酵完成後，將麵糰拍扁。

⑥ 翻開麵糰。

⑦ 包入 30 克花生餡。

D. 整型 》

8 收口捏緊後，收口朝下放在烤盤上。

9 鬆弛好的麵糰，先用手將麵糰拍扁。

10 再用擀麵棍輕輕推擀。

11 擀成橢圓形麵皮。

TIPS

頭尾都不要擀到底，以免爆餡。

12 將橢圓形麵皮翻面，再轉90度。

13 長邊由上往下輕輕均勻捲起。

14 捲好的麵糰呈長條狀。

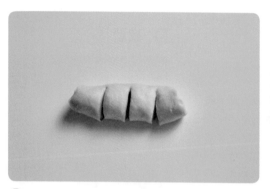

⑮ 將長條麵糰等距離切三刀（不斷）。

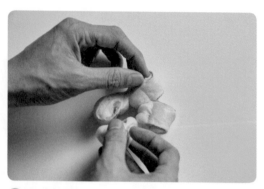

⑯ 交叉麵糰，將切口翻成上方。

E. 最後發酵 》

⑰ 依 P.200〈12 款麵包整型手法全記錄〉—幸運草，完成幸運草麵糰。

⑱ 麵糰完成整型後排列至烤盤，蓋上塑膠袋，放置於溫暖密閉的空間進行最後發酵（建議 60 分鐘直至麵糰膨脹至兩倍大）。

F. 烤前裝飾 》

⑲ 麵糰最後發酵完成。

⑳ 麵糰表面刷上全蛋液。

㉑ 表面撒上杏仁片。

G. 烘烤 》》

22 將烤箱預熱至指定溫度（上火 210℃ / 下火 170℃，若家裡的烤箱沒有上下火之分，建議預熱至 190℃），將麵糰放入烤箱，先烤 10 分鐘，將烤盤轉向後，轉為上火 150℃ / 下火 150℃，再烤 5 分鐘，出爐後重敲，置於涼架上放涼。

 愛與恨老師的小叮嚀

花生內餡這樣做！

材料

花生粉	75 克
細砂糖	65 克
無鹽奶油	75 克
花生醬	25 克
沙拉油	適量

做法

1. 無鹽奶油與細砂糖攪拌均勻，加入花生粉、花生醬混合均勻。
2. 以沙拉油來調整內餡軟硬度。

花生內餡美味的秘訣

自製花生餡的部分，如果單純使用花生醬，較無層次感，加上花生粉不僅口感升級，香氣更是破表。建議讀者一定要嘗試老師的花生內餡配方。

換個口味也好吃！

這款麵包，同樣的整型手法，也適於芝麻餡、奶酥餡、芋泥餡，各有不同風味。

芋泥麵包

在過去物資缺乏的時空背景中,芋泥、花生、紅豆內餡都是台灣人集體記憶中的美味。自製的芋泥可以調整甜度,更能顯現芋頭淡淡的清香,百吃不膩。沒有冶豔的紫,只有樸素的美。

國人對芋頭的喜愛,在甜點世界裡,表現得一覽無遺,不論是芋泥蛋糕捲、芋頭酥,還是芋泥球,都是熱銷商品。

材料 Ingredients

8 份

基礎麵糰	-----------------	500 克
芋泥內餡	-----------------	240 克
表面裝飾		
全蛋液	--------------------	適量
杏仁片	--------------------	少許

A. 基礎麵糰製作 》

① 依 P.22「3 大經典麵包配方 & 做法大公開」，備好經典台式麵包基礎麵糰。

B. 內餡製作 》

② 依 P.113「愛與恨老師的小叮嚀」之「芋泥內餡這樣做！」製作芋泥內餡。

C. 中間發酵 》

③ 將完成基礎發酵後的麵糰分割成 8 等份（每個約 60 克）。

D. 包餡 》

④ 將分割好的麵糰滾圓。

⑤ 麵糰滾圓後蓋上塑膠袋，進行中間發酵（約 20 分鐘）。

⑥ 完成中間發酵後，將麵糰拍扁。

⑦ 翻開麵糰。

⑧ 包入 30 克芋頭內餡。

⑨ 收口捏緊後，收口朝下放在烤盤上。

E. 整型 ≫

TIPS

包餡時請注意收口處不要沾到餡料,油脂
會使收口處不易黏合,烘烤後容易產生爆
漿的現象,務必小心留意!同時包餡後,
不用再滾圓,因滾圓反而會讓內餡往上跑,
容易導致爆餡。

⑩ 鬆弛好的麵糰先用手將麵糰拍扁。

⑪ 再用擀麵棍輕輕推擀。

⑫ 擀成橢圓形麵皮。

TIPS

頭尾都不要擀到底,以免
爆餡。

⑬ 將橢圓形麵皮翻面後對折。

⑭ 平邊朝向自己,麵糰以等比例切兩刀。

111

做法 Step by Step

⑮ 頂端相連不斷，中間一段拉起。

⑯ 依 P.194〈12 款麵包整型手法全記錄〉—扇形，完成扇形麵糰。

F. 最後發酵 》

⑰ 整型好的麵糰排列至烤盤，蓋上塑膠袋，放置於溫暖密閉的空間進行最後發酵（建議 60 分鐘直至麵糰膨脹至兩倍大）。

⑱ 麵糰最後發酵完成。

G. 烤前裝飾 》

⑲ 在麵糰表面刷上全蛋液。

⑳ 表面撒上杏仁片。

H. 烘烤 》

㉑ 將烤箱預熱至指定溫度（上火 210℃ / 下火 170℃，若家裡的烤箱沒有上下火之分，建議預熱至 190℃），將麵糰放入烤箱，先烤 10 分鐘，將烤盤轉向後，轉為上火 150℃ / 下火 150℃，再烤 5 分鐘，出爐後重敲，置於涼架上放涼。

 愛與恨老師的小叮嚀

芋泥內餡這樣做！

Tips
1. 甜度可依個人喜好自行調整。
2. 芋頭可以替換南瓜、地瓜。

材料

熟芋頭	150 克
細砂糖	60 克
無鹽奶油	30 克
玉米粉	15 克

做法
蒸熟的芋頭趁熱搗壓成泥，加入細砂糖攪拌至糖融化，再加入無鹽奶油拌勻，最後加入玉米粉混拌均勻。

製作芋泥內餡注意事項！

芋泥內餡容易酸敗，注意包餡料時，不要沾到生水，同時盡快使用完畢，不要一次製作太多。另外若要當作蛋糕捲的內餡，可以拌入動物性鮮奶油，調整軟硬度，就會柔軟可口。自製芋泥內餡時，若保留少許顆粒，更有口感喔！

草莓果醬麵包

在台灣鄉下，晚上仍然會有麵包車停在巷子口，等待夜歸嘴饞的人，挑幾個麵包帶回家當點心或隔天的早餐。草莓果醬麵包總是和上面有橘子果醬的克林姆麵包排列在一起，以前料包得不多，總是會把那口珍貴的果醬留在最後享用，偶爾吃到草莓果粒，覺得好幸福！這個草莓果醬麵包也許不是那麼健康，但卻是一段難忘的童年回憶。

材料 Ingredients

8 份

基礎麵糰------------------ 500 克
草莓果醬內餡------------ 240 克
表面裝飾
草莓果醬------------------ 適量
全蛋液-------------------- 適量

🥄 做法 Step by Step

A. 基礎麵糰製作 》

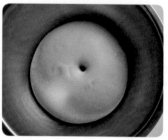

① 依 P.22「3 大經典麵包配方 & 做法大公開」，備好經典台式麵包基礎麵糰。

B. 中間發酵 》

② 將完成基礎發酵後的麵糰分割成 8 等份（每個約 60 克）。

③ 將分割好的麵糰滾圓。

C. 包餡 & 整型 》

④ 麵糰滾圓後蓋上塑膠袋，進行中間發酵（約20分鐘）。

⑤ 完成中間發酵後，將麵糰拍扁。

⑥ 翻開麵糰。

⑦ 包入 30 克草莓果醬。

⑧ 收口捏緊後，收口朝下放在烤盤。

TIPS

包餡時請注意收口處不要沾到餡料，油脂會使收口處不易黏合，烘烤後容易產生爆漿的現象，務必小心留意！同時包餡後，不用再滾圓，因滾圓反而會讓內餡往上跑，容易導致爆餡。

D. 最後發酵 》

⑨ 麵糰全部包好內餡後，放入烤盤，覆蓋塑膠袋，置於溫暖密閉的空間進行最後發酵（建議約 60 分鐘直至麵糰膨脹至兩倍大）。

E. 烤前裝飾 》

⑩ 麵糰最後發酵完成後，在麵糰表面刷上全蛋液。

⑪ 麵糰表面略微風乾後，將草莓果醬裝入小型擠花袋（或塑膠袋）。

F. 烘烤 》

⑫ 在麵糰表面擠上螺旋紋狀。

⑬ 將烤箱預熱至指定溫度（上火 210℃ / 下火 170℃，若家裡的烤箱沒有上下火之分，建議預熱至 190℃），將麵糰放入烤箱，先烤 10 分鐘，將烤盤轉向後，轉為上火 150℃ / 下火 150℃，再烤 5 分鐘，出爐後重敲，置於涼架上放涼。

愛與恨老師的小叮嚀

用自製草莓果醬行不行？

盛產草莓的春季，讀者也許會想使用自製的草莓果醬來做這款麵包，愛與恨老師會建議在自製的草莓果醬中，增加如蘋果泥等富含果膠的食材，讓果醬的濃稠度提高，較容易包餡。同時使用自製草莓醬當成內餡時，收口一定要小心處理，才不會爆漿。

菠蘿夾心麵包

　　早期的夾心麵包，只是單純的甜麵糰，因為菠蘿麵包極受歡迎，因此延伸出菠蘿夾心麵包。菠蘿麵包加上多變的夾餡和沾裏的材料，美味不只是加倍而已，多了菠蘿皮的酥脆口感，使「吃麵包」變成一種多層次的享受。也說明了為什麼台式麵包永遠不會退流行，因為它扮演著引領潮流的重要角色。

材料 Ingredients

8 份

全蛋----------------------- 1 個

奶粉----------------------- 10 克

高筋麵粉----------------- 約 250 ～ 300 克

內餡

奶油餡-------------------- 適量

草莓果醬----------------- 適量

表面裝飾

全蛋液-------------------- 適量

椰子粉-------------------- 適量

花生粉-------------------- 適量

基礎麵糰----------------- 500 克

菠蘿皮

無鹽奶油----------------- 100 克

糖粉----------------------- 100 克

做法 Step by Step

A. 最後發酵 》》

① 依 P.91〈菠蘿麵包〉做法，完成至步驟 14「最後發酵」。

B. 烤前裝飾 》》

② 在麵糰表面刷上蛋液。

C. 烘烤 》》

③ 將烤箱預熱至指定溫度（上火 210℃ / 下火 170℃），將菠蘿麵糰放入烤箱，先烤 10 分鐘，將烤盤轉向後，轉為上火 150℃ / 下火 150℃，再烤 5 分鐘，出爐後重敲，置於涼架上放涼。

D. 組合 & 烤後裝飾 》》

④ 放涼了的菠蘿麵包，以麵包刀切開（不斷）。

TIPS

麵包不能切斷，要小心處理。

⑤ 翻面後,在麵包底部塗抹奶油夾心餡(或果醬)。

⑥ 對折成小山丘狀,外緣圓弧處抹上奶油夾心餡(或果醬)。

⑦ 再沾上表面材料(花生粉或椰子粉)裝飾即可。

TIPS

抹了草莓果醬、沾椰子粉的口味也很迷人!

愛與恨老師的小叮嚀

麵包涼了才能切!
菠蘿麵包要等放涼之後再切,否則麵包體容易塌陷,較不美觀。

另類菠蘿皮包法
另類菠蘿皮包裹法,請見 P.95「愛與恨老師的小叮嚀」之「整型手法偷吃步」。

奶酥麵包

　　奶酥麵包，是台式麵包的重要指標性口味，關鍵是濃濃的奶香、蛋香，有時搭配酸甜的葡萄乾或蔓越莓，更是無比對味的組合。奶酥，不論是搭配小圓麵包或是吐司，都有很好的表現，是必學的口味。

　　奶酥餡分乾式、濕式，口感小有不同，差別在於是否添加蛋液。讀者可以多加嘗試，找出自己最愛的奶酥比例。

材料 Ingredients

8 份

基礎麵糰------------------ 500 克
濕式奶酥內餡----------- 240 克
（或乾式奶酥內餡）

表面裝飾
珍珠糖粒（或椰子粉） 適量

做法 Step by Step

A. 基礎麵糰製作 »

① 依 P.22「3 大經典麵包配方 & 做法大公開」，備好經典台式麵包基礎麵糰。

B. 內餡製作 »

② 依 P.126「愛與恨老師的小叮嚀」之「奶酥餡這樣做！」製作奶酥餡。

C. 中間發酵 »

③ 將完成基礎發酵後的麵糰分割成 8 等份（每個約 60 克）。

D. 包餡 & 整型 »

④ 將分割好的麵糰滾圓。

⑤ 麵糰滾圓後蓋上塑膠袋，進行中間發酵（約 20 分鐘）。

⑥ 完成中間發酵後，將麵糰拍扁。

⑦ 翻開麵糰。

⑧ 包入 30 克奶酥餡。

⑨ 收口捏緊後，收口朝下放在烤盤上。

TIPS

包餡時請注意收口處不要沾到餡料，油脂會使收口處不易黏合，烘烤後容易產生爆漿的現象，務必小心留意！同時包餡後，不用再滾圓，因滾圓反而會讓內餡往上跑，容易導致爆餡。

E. 最後發酵 》

⑩ 麵糰全部包好內餡後，放入烤盤，覆蓋塑膠袋，置於溫暖密閉的空間進行最後發酵（建議約 60 分鐘直至麵糰膨脹至兩倍大）。

F. 烤前裝飾 》

⑪ 麵糰最後發酵完成。

⑫ 在麵糰表面刷上全蛋液。

⑬ 再撒上少許珍珠糖粒（或椰子粉）裝飾。

G. 烘烤 》

⑭ 將烤箱預熱至指定溫度（上火 210℃ / 下火 170℃，若家裡的烤箱沒有上下火之分，建議預熱至 190℃），將麵糰放入烤箱，先烤 10 分鐘，將烤盤轉向後，轉為上火 150℃ / 下火 150℃，再烤 5 分鐘，出爐後重敲，置於涼架上放涼。

做法 Step by Step

 愛與恨老師的小叮嚀

奶酥餡這樣做！

材料

無鹽奶油	90 克
糖粉	50 克
全蛋液	1/2 個
奶粉	90 克
玉米粉	12 克

做法

奶油和糖粉先攪拌均勻後，分次加入全蛋液攪拌，再加入混合過篩的奶粉及玉米粉攪拌均勻即可。

Tips

奶酥要充分打發後再加入玉米粉才不會太硬，也可以加入葡萄乾或是蔓越莓，做出口味的變化。

乾式奶酥餡這樣做！

材料

無鹽奶油	100 克
奶粉	120 克
椰子粉	20 克
糖粉	40 克

做法

軟化奶油與所有粉類攪拌均勻即可，也可以用手揉拌，成為鬆散的奶酥。

Tips

不論是奶酥麵包，或是古早味奶酥蛋糕，這個餡料都很好使用，乾爽，容易保存。

新手烘焙怎麼判斷麵包烤好、烤熟了？

底部會有一圈烤得金黃的烤圈。

麵包側腰按壓，有彈性，是烤熟麵包的特性之一。

麵包渾圓立體，表示內餡包裹均勻，麵糰發酵適中，同時烤焙之後膨脹力道均勻，不會坍塌扁平。

巧克力麵包

　　最受全世界小朋友喜歡的，莫過於巧克力口味的麵包！中間塗抹少許甜奶油餡，更顯得滋味豐富。表面裝飾隨心所欲，是一款適合自由搭配的麵包。

　　除了最單純的巧克力麵包，也可以進階成「金沙巧克力麵包」，夾餡塗料使用榛果巧克力醬，表面再沾覆烘烤過的杏仁角，讓巧克力麵包瞬間大變身。自製麵包就是這麼有趣！

材料 Ingredients

8 份

基礎麵糰------------------ 500 克

內餡

奶油餡-------------------- 適量
（或草莓果醬）

表面裝飾

苦甜鈕釦型巧克力------ 適量

彩色巧克力米----------- 適量

🥄 做法 Step by Step

A. 基礎麵糰 & 內餡製作 》 ### B. 中間發酵 》

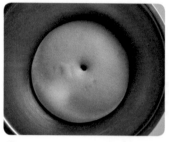

① 依 P.22「3 大經典麵包配方 & 做法大公開」，備好經典台式麵包基礎麵糰。依 P.33「愛與恨老師的小叮嚀」之「奶油餡這樣做！」製作奶油餡。

② 將完成基礎發酵後的麵糰分割成 8 等份（每個約 60 克）。

③ 將分割好的麵糰滾圓。

C. 整型 》

④ 麵糰滾圓後蓋上塑膠袋，進行中間發酵（約 20 分鐘）。

⑤ 中間發酵完成後，將麵糰用擀麵棍擀成長形。

⑥ 依 P.198〈12 款麵包整型手法全記錄〉—橄欖形，完成長橄欖形麵糰。

D. 最後發酵 》

⑦ 麵糰全部整型完成後，放入烤盤，覆蓋塑膠袋，置於溫暖密閉的空間進行最後發酵（建議約 40～60 分鐘直至麵糰膨脹至兩倍大）。

⑧ 麵糰完成最後發酵。

E. 烘烤 》

9 將烤箱預熱至指定溫度（上火 210℃／下火 170℃，若家裡的烤箱沒有上下火之分，建議預熱至 190℃），將麵糰放入烤箱，先烤 10 分鐘，將烤盤轉向後，轉為上火 150℃／下火 150℃，再烤 5 分鐘，出爐後重敲，置於涼架上放涼。

F. 組合 & 烤後裝飾 》

10 苦甜鈕釦型巧克力隔水加熱融化備用。橄欖形餐包從側腰中間割開，不要切斷。

TIPS

隔水加熱融化苦甜鈕釦型巧克力時，要注意溫度不可以過高，只要離火持續攪拌，巧克力就可以均勻融解，溫度過高會使巧克力變質，導致油水分離。

11 塗抹適量的奶油餡（或草莓果醬）。

G. 表面裝飾 》

13 撒上彩色巧克力米。

12 抹好後將麵包蓋起，將麵包表層沾上融化的巧克力醬。

克林姆麵包

　　香濃滑順的克林姆餡，細緻綿密的甜麵包，順著螺旋花紋，墜入童年快樂的回憶，麵包店怎麼能夠少了它？

　　克林姆其實是日式英文「cream」的音譯，和泡芙中的卡士達餡是相似的餡料，只是各家秘方不同，有些使用全蛋，有的只用蛋黃，甚至也有果汁牛奶的神秘配方，是各家麵包店的致勝關鍵。

材料 Ingredients

8 份

基礎麵糰	500 克
克林姆內餡	240 克
表面裝飾	
克林姆醬 （或橘子果醬）	適量
全蛋液	適量

🥄 做法 Step by Step

A. 基礎麵糰製作 》

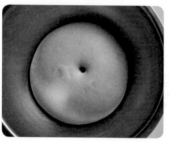

① 依 P.22「3 大經典麵包配方 & 做法大公開」，備好經典台式麵包基礎麵糰。

B. 內餡製作 》

② 依 P.136「愛與恨老師的小叮嚀」之「克林姆醬這樣做！」製作克林姆醬。

C. 中間發酵 》

③ 將完成基礎發酵後的麵糰分割成 8 等份（每個約 60 克）。

D. 包餡 & 整型 》

④ 將分割好的麵糰滾圓備用。

⑤ 麵糰滾圓後蓋上塑膠袋，進行中間發酵（約 20 分鐘）。

⑥ 中間發酵完成後，將麵糰拍扁。

⑦ 翻開麵糰。

⑧ 包入 30 克克林姆內餡。

⑨ 收口捏緊後，收口朝下放在烤盤上。

E. 最後發酵 》

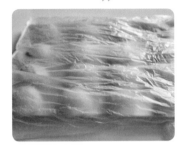

⑩ 麵糰全部包好內餡後，放入烤盤，覆蓋塑膠袋，置於溫暖密閉的空間進行最後發酵（建議約 60 分鐘直至麵糰膨脹至兩倍大）。

F. 烤前裝飾 》

⑪ 麵糰最後發酵完成。

⑫ 在表面刷上全蛋液。

⑬ 表面略微風乾後，將克林姆內餡裝入小型擠花袋（或塑膠袋），在尖端處用剪刀剪一個小口。

G. 烘烤 》

⑭ 在麵糰表面擠上螺旋紋狀。

⑮ 將烤箱預熱至指定溫度（上火 210℃ / 下火 170℃，若家裡的烤箱沒有上下火之分，建議預熱至 190℃），將刷上蛋液的麵糰放入烤箱，先烤 10 分鐘，將烤盤轉向後，轉為上火 150℃ / 下火 150℃，再烤 5 分鐘，出爐後重敲，置於涼架上放涼。

做法 Step by Step

克林姆醬這樣做！

材料

A 鮮奶 250 克、細砂糖 45 克、無鹽奶油 60 克

B 全蛋 1 個、玉米粉 15 克、低筋麵粉 15 克

C 蘭姆酒 1 大匙（可省）

做法

1. 將鮮奶、細砂糖、奶油加熱煮沸至融化備用。
2. 全蛋打散，加入混合過篩的低筋麵粉及玉米粉攪拌均勻，倒入做法 1，邊煮邊攪拌至融合成濃稠狀，再加入蘭姆酒（可省）。

剩下的克林姆醬怎麼辦？

剩餘的克林姆餡可以填入泡芙中或當作蛋糕夾層餡料。但記得要避免冷藏風乾結皮，一定要注意保存條件，3 天內食用完畢。

克林姆醬自己做，最對味！

市面上的烘焙材料行就有販售克林姆餡料，加上水或是牛奶，攪拌均勻即可使用。雖然方便，但是風味大同小異，建議讀者多花一點時間，調製屬於自己的美味餡料，也為健康把關。

我的台式麵包
NOTE

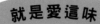

夾心麵包

　　編寫食譜時，意外發現，最受歡迎的並不是民調中的菠蘿或是蔥花麵包，而是這個沾滿花生粉的小山型麵包，不管從哪個角度入口，都一定會沾到嘴角，花生粉、椰子粉掉得到處都是，儘管吃得如此狼狽，還是大獲好評，實力不容小覷。

材料 Ingredients

7 份

基礎麵糰----------------- 500 克

內餡

奶油餡-------------------- 適量

草莓果醬----------------- 適量

表面裝飾

沙拉油（或全蛋液）--- 適量

花生粉 / 椰子粉 -------- 適量

🥄 做法 Step by Step

A. 基礎麵糰 & 內餡製作 》

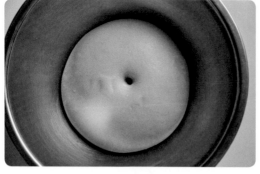

① 依 P.22「3 大經典麵包配方 & 做法大公開」，備好經典台式麵包基礎麵糰。依 P.33「愛與恨老師的小叮嚀」之「奶油餡這樣做！」製作奶油餡。

B. 中間發酵 》

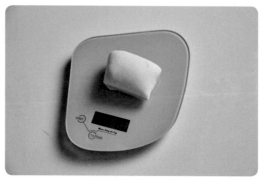

② 將完成基礎發酵後的麵糰分割成 7 等份（每個約 70 克）。

C. 整型 》

③ 將分割好的麵糰滾圓。

④ 麵糰滾圓後蓋上塑膠袋，進行中間發酵（約 20 分鐘）。

⑤ 發酵好的麵糰用擀麵棍擀開成橢圓形麵皮。

⑥ 將橢圓形麵皮翻面轉 90 度。

⑦ 長邊由上往下均勻捲起。

⑧ 捲好的麵糰置於一旁鬆弛 10 分鐘備用。

⑨ 鬆弛好的麵糰，直立擺好。

⑩ 利用擀麵棍將麵糰擀成約 12 公分的長條形麵糰。

D. 最後發酵 >>

⑪ 麵糰全部擀成長條形麵糰後，排列至烤盤，蓋上塑膠袋，放置於溫暖密閉的空間進行最後發酵（建議 60 分鐘直至麵糰膨脹至兩倍大）。

⑫ 麵糰完成最後發酵。

E. 烤前裝飾 >>

⑬ 麵糰最後發酵完成後，在表面刷上全蛋液（或沙拉油）。

F. 烘烤 >>

⑭ 將烤箱預熱至指定溫度（上火 210℃ / 下火 150℃，若家裡的烤箱沒有上下火之分，建議預熱至 180℃），將刷上蛋液的麵糰放入烤箱，先烤 10 分鐘，將烤盤轉向後，轉為上火 150℃ / 下火 150℃，再烤 5 分鐘，出爐後重敲，置於涼架上放涼。

做法 Step by Step

G. 組合 & 烤後裝飾 》》

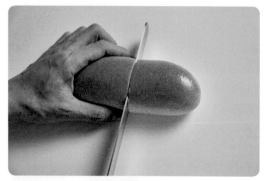

⑮ 將放涼後的麵包對切。

⑯ 注意不能將麵包切斷。

⑰ 在麵包底部抹上果醬（或奶油餡）。

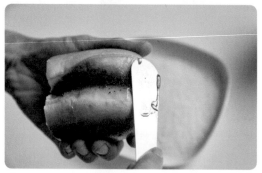

⑱ 對折成小山丘狀，外緣抹上果醬（或奶油餡）。

⑲ 沾上椰子粉即可。

TIPS

抹了奶油餡，沾裹花生粉的口味也很迷人！

在時間的發酵下

不急不徐

慢慢 慢慢

蛻變成一個個

可口好吃美味的

夾心麵包

起酥麵包

愛與恨老師最喜歡的台包是包著葡萄乾奶酥餡的「起酥麵包」，千層酥皮與鬆軟麵包在口中結合，濃濃奶香中，有酸甜葡萄乾解膩，每一口都有多層次的享受，難怪會令人著迷！而鹹口味的芋泥肉鬆起酥麵包，鹹甜適中，越吃越順口，不吃甜的朋友，一定要試試看！

材料 Ingredients

8 份

4 份芋泥肉鬆起酥麵包

4 份葡萄乾奶酥起酥麵包

基礎麵糰----------------- 500 克

內餡

芋泥肉鬆餡-------------- 120 克
（芋泥餡 60 克＋肉鬆 60 克）

葡萄乾奶酥-------------- 120 克

起酥片-------------------- 8 片

表面裝飾

蛋黃液-------------------- 適量

杏仁片-------------------- 適量

做法 Step by Step

A. 基礎麵糰製作 》

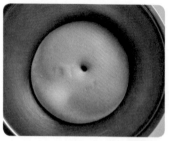

① 依 P.22「3 大經典麵包配方 & 做法大公開」，備好經典台式麵包基礎麵糰。

B. 內餡製作 》

② 依 P.113「愛與恨老師的小叮嚀」之「芋泥內餡這樣做！」製作芋泥內餡，取 60 克備用。

③ 依 P.126「愛與恨老師的小叮嚀」之「奶酥餡這樣做！」製作奶酥餡，再拌入葡萄乾。

C. 中間發酵 》

④ 將完成基礎發酵後的麵糰分割成8等份（每個約60克）。

⑤ 將分割好的麵糰滾圓。

⑥ 麵糰滾圓後蓋上塑膠袋，進行中間發酵（約20分鐘）。

D. 整型 》

⑦ 完成中間發酵後，將麵糰拍扁。

⑧ 翻開麵糰。

⑨ 其中 4 個麵糰包入 15 克芋泥內餡 加上 15 克肉鬆。

⑩ 另外 4 個麵糰包入 30 克葡萄乾奶酥餡。

⑪ 收口捏緊後,收口朝下放在烤盤上。

E. 最後發酵 》

⑫ 麵糰全部包好內餡後,放入烤盤,覆蓋塑膠袋,置於溫暖密閉的空間進行最後發酵(建議約 60 分鐘直至麵糰膨脹至兩倍大)。

⑬ 麵糰完成最後發酵。

F. 烤前裝飾 》

⑭ 取起酥片在其上刷上蛋黃液。

⑮ 同時切割斜刀紋。

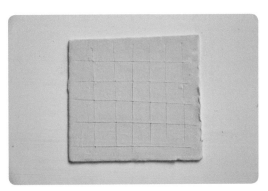

⑯ 或方格子花紋。

做法 Step by Step

⑰ 覆蓋在麵糰上，上頭可以放少許杏仁片。

TIPS

不需要刻意包裹住麵糰，只要覆蓋上去即可。
進烤箱後會因烤溫的變化，起酥皮遇熱，會
軟化，自然包覆麵糰。

G. 烘烤 》》

⑱ 將烤箱預熱至指定溫度（上火 210℃ / 下火 170℃，若家裡的烤箱沒有上下火之分，建
議預熱至 190℃），將刷上蛋液的麵糰放入烤箱，先烤 10 分鐘，將烤盤轉向後，轉為上火
150℃ / 下火 150℃，再烤 5 分鐘，出爐後重敲，置於涼架上放涼。

愛與恨老師的小叮嚀

烤起酥麵包要高溫！
起酥皮屬於千層酥皮，建議烤箱溫度要夠高，把層次感烤出來，避免夾生，
不熟的現象發生。

 愛與恨老師的小叮嚀

烘焙新手必知的烤箱問題！

Q. 該如何選擇烤箱？

A. 建議使用約 30 到 42 公升的烤箱，約半盤烤箱的標準尺寸，可容納大約 4 條 12 兩吐司模。

以本書的食譜為例，500 公克的高筋麵粉所製作的甜麵糰，大約要分兩盤來烘烤。

Q. 烤箱要預熱嗎？

A. 烤箱預熱的主要目的是讓麵包在送進烤箱時就能於固定溫度中烘烤，並準確配合食譜中的建議時間 完成作品。

如果從低溫開始烤，不但花費太多時間，同時也會使麵包組織變成粗糙乾硬。

烤箱預熱的溫度與時間，每台都不同，建議將麵糰分割滾圓後，就可以開始預熱烤箱。並利用烤箱溫度計確認是否已達指定溫度。

Q. 根據食譜提供的溫度，麵包常常烤不熟或烤焦，該如何預防？

A. 每台烤箱的烤溫都略有差異，如果溫度差距大約 10 度左右，可根據食譜的溫度自己進行微調。以一般 60 公克甜麵糰為例，烘烤時間大約是 12 ～ 18 分鐘，如果因為無法上色，而拉長烘烤時間，常常會造成小麵包口感過乾；如果上色速度太快，建議調降上火或加蓋鋁箔紙，都可以改善上色的狀態。

Q. 一盤 8 個甜麵包，烤出來的顏色不均勻，應如何調整？

A. 一般家用烤箱，越靠近內側的溫度越高，或是對角的位置溫度較低，因此烘烤的顏色會不均勻。建議在烘烤 5 ～ 10 分鐘左右可以調換烤盤的位置，這樣就不會造成烤出來的麵包顏色不均勻。

Q. 家中烤箱是美式嵌入式大烤箱，沒有上下火，應如何控制烤箱溫度？

A. 以本書食譜為例，可設定溫度為 180 度，烤盤建議放置中上層，因為越接近加熱管，溫度越高。烤甜麵包需要的上火較大，因此建議往中上層移動放置。

但如果家中使用一般小型烤箱，沒有上下火的溫度控制，建議將書中的上下火溫度相加除以二即可，並將烤盤放在最下層烘烤。

椰子愛心麵包

　　帶著南洋風的椰蓉餡，咀嚼間有椰子粉的纖維感，塗上蛋汁烤焙後的鬆軟麵包，會散發陣陣甜香，俏麗的愛心造型，更是視覺與味覺的雙重享受。

　　除了這個美麗的造型，也推薦讀者可以直接將麵團整型成吐司，包上好吃的椰蓉餡，變身成為椰香甜吐司，也非常美味喔！

材料 Ingredients

8 份

基礎麵糰------------------ 500 克

椰蓉餡-------------------- 240 克

表面裝飾

全蛋液-------------------- 適量

做法 Step by Step

A. 基礎麵糰製作 ≫

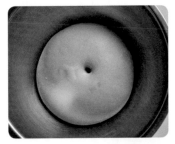

① 依 P.22「3 大經典麵包配方 & 做法大公開」，備好經典台式麵包基礎麵糰。

151

做法 Step by Step

B. 內餡製作 >>

② 依 P.153「愛與恨老師的小叮嚀」之「椰蓉餡這樣做！」製作椰蓉餡。

C. 中間發酵 >>

③ 將完成基礎發酵後的麵糰分割成 8 等份（每個約 60 克）。

④ 將分割好的麵糰滾圓。

D. 包餡 >>

⑥ 完成中間發酵後，將麵糰拍扁，翻開麵糰。

⑦ 包入 30 克椰蓉餡。

⑤ 麵糰滾圓後蓋上塑膠袋，進行中間發酵（約 20 分鐘）。

TIPS

包餡時請注意收口處不要沾到餡料，油脂會使收口處不易黏合，烘烤後容易產生爆漿的現象，務必小心留意！同時包餡後，不用再滾圓，因滾圓反而會讓內餡往上跑，容易導致爆餡。

E. 整型 >>

⑨ 鬆弛好的麵糰，用擀麵棍將麵糰擀成橢圓片狀。

⑧ 收口捏緊後，收口朝下放在烤盤上鬆弛 10 分鐘。

⑩ 依 P.196〈12 款麵包整型手法全記錄〉—心形，完成心形花樣。

依 P.196〈12 款麵包整型手法全記錄〉

F. 最後發酵 》》

⑪ 蓋上塑膠袋，放置於溫暖密閉的空間進行最後發酵（建議 60 分鐘直至麵糰膨脹至兩倍大）。

G. 烤前裝飾 》》

⑫ 麵糰完成最後發酵。

⑬ 麵糰完成最後發酵後，在表面刷上全蛋液。

H. 烘烤 》》

TIPS

椰蓉餡塗上蛋汁，烘烤上色後要注意烤箱的溫度，為避免上色過深或是焦黃，必要時可以關閉上火，一樣可以烤熟。

⑭ 將烤箱預熱至指定溫度（上火 210℃ / 下火 170℃，若家裡的烤箱沒有上下火之分，建議預熱至 190℃），將刷上全蛋液的麵糰放入烤箱，先烤 10 分鐘，將烤盤轉向後，轉為上火 150℃ / 下火 150℃，再烤 5 分鐘，出爐後重敲，置於涼架上放涼。

🧁 **愛與恨老師的小叮嚀**

椰蓉餡這樣做！

材料

細砂糖	85 克
無鹽奶油	85 克
全蛋	1 個
椰子粉	85 克

做法

細砂糖、軟化的無鹽奶油、全蛋攪拌後，加入椰子粉，攪拌混合均勻成糰。

Tips

材料攪拌均勻即可，不用打發，若打過發，反而不利於包餡，易爆開。另請注意要冷藏保存。

墨西哥麵包

　　充滿濃郁蛋香的墨西哥麵包，是以外型神似「墨西哥大草帽」而命名，如果去墨西哥遊玩，應該找不到這款麵包！

　　除了傳統的奶酥墨西哥麵包，其實包入鹹口味的肉鬆或是乳酪丁、綜合堅果，都非常對味。調製好的墨西哥醬也可以冷藏保存，擠在厚片吐司上烘烤，又是另類的美味！

材料 Ingredients

8 份

基礎麵糰------------------ 500 克
葡萄乾奶酥餡------------ 240 克
表面裝飾
墨西哥餡------------------ 適量
全蛋液-------------------- 適量

示範影片在這裡！

做法 Step by Step

A. 基礎麵糰製作 》

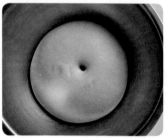

① 依 P.22「3 大經典麵包配方 & 做法大公開」，備好經典台式麵包基礎麵糰。

B. 內餡製作 》

② 依 P.126「愛與恨老師的小叮嚀」之「奶酥餡這樣做！」製作奶酥餡，再拌入葡萄乾。

C. 中間發酵 》

③ 將完成基礎發酵後的麵糰分割成 8 等份（每個約 60 克）。

④ 將分割好的麵糰滾圓。

⑤ 麵糰滾圓後蓋上塑膠袋，進行中間發酵（約 20 分鐘）。

D. 包餡 》

⑥ 完成中間發酵後，將麵糰拍扁。

⑦ 翻開麵糰。

⑧ 包入 30 克葡萄乾奶酥餡。

⑨ 收口捏緊後，收口朝下放在紙模上。

E. 最後發酵 》

10 麵糰全部包好內餡，置於紙模後，放入烤盤，覆蓋塑膠袋，置於溫暖密閉的空間進行最後發酵（建議約 60 分鐘直至麵糰膨脹至兩倍大）。

F. 表面裝飾 》

11 麵糰最後發酵後，將墨西哥餡裝入小型擠花袋，在麵糰表面擠上圓圈狀，覆蓋表面約 1/2 即可。

G. 烘烤 》

12 將烤箱預熱至指定溫度（上火 210℃／下火 170℃，若家裡的烤箱沒有上下火之分，建議預熱至 190℃），將麵糰放入烤箱，先烤 10 分鐘，將烤盤轉向後，轉為上火 150℃／下火 150℃，再烤 5 分鐘，出爐後重敲，置於涼架上放涼。

愛與恨老師的小叮嚀

墨西哥餡這樣做！

材料

無鹽奶油	100 克
蛋黃	100 克
糖粉	100 克
低筋麵粉	100 克

做法

將無鹽奶油與糖粉拌打至鬆發，分次加入蛋黃，再加入過篩的低筋麵粉壓拌均勻即可，此份量稍多，可冷藏保存。

Tips

1. 這是麵包店最傳統的比例，如果希望減糖也可以！
2. 墨西哥皮隔天會變得稍微黏手，稱為「反潮」，是一種吸收空氣中水分的反應，食用前入爐烘乾一下即可恢復乾爽的表皮。
3. 甜麵包也可以不包餡，表層撒上各式堅果，再擠上 1/2 墨西哥餡，依照配方烘烤完畢即可。

吮指回味樂無窮

甜甜圈

　　不同於蛋糕口感的日系甜甜圈，台式傳統甜甜圈利用酵母發酵的甜麵糰，經過酥炸，達到外酥內 Q 軟的口感，外層細緻如雪般的糖粉，加上喀滋作響的糖粒，豐富你的感官享受，這是很多小朋友喜愛的台包，每每吃完，都一定要舔舔手指上的糖粒，一臉滿足，這也是愛與恨老師喜愛的麵包之一。

材料 Ingredients

8 份

基礎麵糰------------------ 500 克
表面裝飾
防潮糖粉 + 細粒特砂 -- 適量

做法 Step by Step

A. 基礎麵糰製作 》

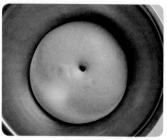

① 依 P.22「3 大經典麵包配方 & 做法大公開」，備好經典台式麵包基礎麵糰。

B. 中間發酵 》

② 將將完成基礎發酵後的麵糰分割成 8 等份（每個約 60 克）。

③ 將分割好的麵糰滾圓。

C. 整型 》

④ 麵糰滾圓後蓋上塑膠袋，進行中間發酵（約 20 分鐘）。

⑤ 發酵好的麵糰以擀麵棍擀開。

⑥ 翻面旋轉 90 度。

⑦ 長邊均勻由上往下捲起。

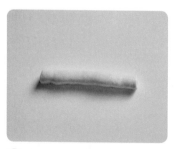

⑧ 鬆弛 10 分鐘備用。

TIPS

由上往下捲起即將至底時，可以在底部略微按壓，增加黏性，以免捲起後在鬆弛過程中鬆開來。

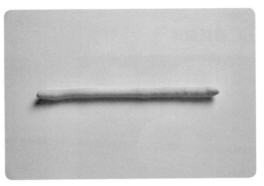

⑨ 麵糰鬆弛好後，用手均勻施力搓長，使其成為粗細一致，約 20 公分長條麵糰。

⑩ 置於一旁鬆弛備用。

⑪ 將鬆弛後的長條形麵糰，纏繞在手指一圈。

⑫ 接口在桌面搓揉，使其完整黏合，形成圓圈狀。

做法 Step by Step

D. 最後發酵 》

TIPS

可以將甜甜圈排列在裁成小張的饅頭紙或烘焙紙上,防沾黏,也好操作。

⑬ 完成後放入烤盤,覆蓋塑膠袋,置於溫暖密閉的空間進行最後發酵(建議約 40 分鐘直至麵糰膨脹至兩倍大)。

E. 油炸 & 裝飾 》

⑭ 將防潮糖粉加細粒特砂混合均勻備用。將沙拉油倒入鍋中,開大火將油燒熱至 180℃,放入發酵完成的甜甜圈麵糰。

⑮ 轉中火先油炸約 3 ～ 5 秒,立即翻面,繼續油炸至兩面金黃。

⑯ 炸好的麵糰撈出後,立刻由上往下將甜甜圈重敲,避免收縮。

⑰ 取餐巾紙吸取多餘油分後,趁微溫沾裹防潮糖粉加細粒特砂。

愛與恨老師的小叮嚀

糖粉＋砂糖 濕氣不要來！

是否注意過，買回家的甜甜圈，袋內常有濕氣？這是因為沾附的細砂糖容易吸收水分，想要保持乾爽表面，又能保有脆脆口感的方式，只要混合防潮糖粉與細粒特砂糖，趁甜甜圈剛炸起保有溫度時，快速沾上糖粒，就能擁有可口的外型！

甜甜圈多樣造型，隨你挑！

甜甜圈的造型多樣，不僅可以做成圓形，還有不少變化款，任君選擇。

1. 利用市售的甜甜圈切割器，輕鬆做出圓圈狀。
   將中間發酵完成的麵糰擀平，模型沾取少許麵粉，按壓切割出圓圈狀造型後，進行最後發酵。
2. 用手拉出環狀，也很簡單。
   中間發酵完成的麵糰滾圓後，直接在中間戳出洞口，旋轉拉出環狀。
3. 單顆小球，也可愛。
   可以做成單顆小球，大約 5 ～ 6 顆排列成環狀，發酵好，再下鍋油炸！

表面裝飾，好繽紛！

除了糖粉裝飾，也可以使用隔水加熱融化白巧克力或草莓巧克力等，變化造型與口味；或是淋上檸檬糖霜、原味糖霜變化口味，是一款可以和孩子同樂的美味點心！

號角響起

奶油螺絲卷麵包

　　可愛的螺旋造型，塞得滿滿的餡料，香甜不膩，是小朋友的最愛。不論是大口咬下，或一圈一圈撕來吃，都充滿樂趣。小時候最愛拿它當成號角，邊吃邊吹，或是放在耳朵旁，當成是海螺聽大海的歌聲，在玩具缺乏的年代，它一直是個好吃又好玩的麵包！

材料 Ingredients

工具 Tools
螺管模型

8份

基礎麵糰	500 克
奶油餡	適量
表面裝飾	
全蛋液	適量
葡萄乾	適量
（或彩色巧克力米）	

🥢 做法 Step by Step

A. 基礎麵糰&內餡製作 》》

① 依 P.22「3 大經典麵包配方 & 做法大公開」，備好經典台式麵包基礎麵糰。依 P.33「愛與恨老師的小叮嚀」之「奶油餡這樣做！」製作奶油餡。

B. 中間發酵 》》

② 將完成基礎發酵後的麵糰分割成 8 等份（每個約 60 克）。

③ 將分割好的麵糰滾圓。

C. 整型 》》

④ 麵糰滾圓後蓋上塑膠袋，進行中間發酵（約 20 分鐘）。

⑤ 發酵好的麵糰以擀麵棍將麵糰擀開。

⑥ 翻面旋轉 90 度。

⑦ 長邊均勻由上往下捲起。

⑧ 鬆弛 10 分鐘備用。

TIPS

由上往下捲起即將至底時，可以在底部略微按壓，增加黏性，以免捲起後在鬆弛過程中鬆開來。

TIPS

捲麵糰時，從尖端約兩公分處開始捲起，烘烤時麵糰才不易脫離模型。麵糰要確實黏緊模型，烤焙時才不易脫落散開。

⑨ 麵糰鬆弛好後，左重右輕的施力搓長，使其成為約 30 公分左細右粗的長條水滴形麵糰，置於一旁鬆弛備用。

⑩ 將鬆弛後的長條形麵糰，先將麵糰自螺管模型尖端處黏緊。

⑪ 依 P.199〈12 款麵包整型手法全記錄〉─螺絲卷，完成螺絲卷麵糰。

D. 最後發酵 》

⑫ 麵糰整型完成後排列至烤盤，蓋上塑膠袋，放置於溫暖密閉的空間進行最後發酵（建議 60 分鐘直至麵糰膨脹至兩倍大）。

⑬ 麵糰完成最後發酵。

♪ 做法 Step by Step

E. 烤前裝飾 》

⑭ 麵糰完成最後發酵後，在表面刷上全蛋液。

F. 烘烤 》

⑮ 將烤箱預熱至指定溫度（上火 180℃ / 下火 170℃，若家裡的烤箱沒有上下火之分，建議預熱至 175℃），將刷上蛋液的麵糰放入烤箱，先烤 10 分鐘，將烤盤轉向後，轉為上火 150℃ / 下火 150℃，再烤 5 分鐘，出爐後重敲，置於涼架上放涼。

G. 組合 & 烤後裝飾 》

⑯ 將奶油餡擠入麵包內部。

TIPS

內餡除了奶油餡，也可以使用克林姆醬或是打發鮮奶油、巧克力奶油醬等，各有不同的風味呈現，好吃又好玩！

⑰ 再裝飾少許葡萄乾（或彩色巧克力米）

愛與恨老師的小叮嚀

一定要買螺管模型嗎？

螺管模型並不是一定要採購的商品，讀者也可以自製。只要利用厚紙版捲成尖筒狀，包裹鋁箔紙，稍微塗油撒粉，就是很實用的模型，請把這個工作交給家人一起同樂，更增添做麵包的樂趣！

菠蘿布丁麵包

　　菠蘿麵包進階版，早期設計這款麵包的師傅真是大智慧！以菠蘿麵包為容器，在凹槽中填入布丁凝結，除了好吃，只要再添加水果與裝飾，已經是一道上得了檯面的美味甜點了。這是愛與恨老師童年時期的最愛！

材料 Ingredients

8 份

工具 Tools

小蛋塔模或布丁杯------ 8 個

基礎麵糰----------------- 500 克

菠蘿皮

無鹽奶油----------------- 100 克

糖粉----------------------- 100 克

全蛋----------------------- 1 個

奶粉----------------------- 10 克

高筋麵粉----------------- 約 250 ～ 300 克

內餡

市售雞蛋風味布丁粉--- 一包

做法 Step by Step

A. 整型 》

⑬ 依 P.91〈菠蘿麵包〉做法，完成至步驟 12 壓出花紋，接著將布丁杯（或蛋塔模），放置在已經整型好的菠蘿麵包中央，輕輕壓下。

B. 最後發酵 》

⑭ 放入烤盤，覆蓋塑膠袋，置於溫暖密閉的空間進行最後發酵（建議約 40 ～ 60 分鐘直至麵糰膨脹至兩倍大）。

TIPS

發酵約一半時間時，因麵糰膨脹，布丁杯會浮起來。此時，輕輕將布丁杯再施力壓下完成最後發酵。

最後發酵建議在室溫下密閉的空間進行（但溫度也不能過高，且要補充濕度），避免菠蘿皮的油脂融化，影響造型美觀。同時也必須拉長後發的時間，直到充分發酵完成。製造適合的發酵環境，菠蘿麵包才會發得好。

C. 烘烤 》

⑮ 將烤箱預熱至指定溫度（上火 210℃ / 下火 170℃），將完成最後發酵的菠蘿麵糰連同布丁杯放入烤箱，先烤 6 分鐘，先取出烤盤，加另個烤盤壓住模型，再烤 6 分鐘，拿開烤盤後，轉為上火 150℃ / 下火 150℃，再烤 3 ～ 5 分鐘，出爐後重敲，置於涼架上放涼。

D. 組合 & 烤後裝飾 》》

⑰ 利用市售雞蛋風味布丁粉製作出布丁液,並在凹槽中倒入布丁液。

⑯ 出爐的菠蘿麵包稍微放涼後,拿開布丁模。

⑱ 小心將表面氣泡用叉子消除,保持布丁液面平滑,待涼後布丁凝結即可。

 愛與恨老師的小叮嚀

加壓布丁模

愛與恨老師使用鐵盤直接加壓布丁模,除了加深凹槽,避免烘烤時浮起,同時也減少打開烤箱的時間。如果沒有多餘鐵盤,也可以戴著隔熱手套,將所有布丁模壓一下,但要注意安全喔!

布丁液簡單做

如果只是要簡單做幾個菠蘿布丁麵包,可以選用市售的雞蛋布丁,將布丁取出(除去底部的焦糖不用),隔水加熱融化就可以直接倒到菠蘿麵包的凹槽,冷藏(或常溫)即可凝結。

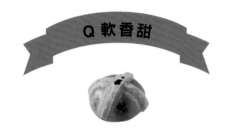

Q 軟香甜

紅豆麻糬起酥麵包

紅豆麵包的進階版，加上粿加蕉（麻糬），口感 Q 軟，豆餡香甜，除了老師示範的可愛造型，喜歡起酥片的朋友，也可以整片蓋上，熱量雖然暴增，美味卻也加倍，集合香、酥、Q、軟等口感，是一款有層次的紅豆麵包，保證你一定會愛上它。

材料 Ingredients

8 份

基礎麵糰	500 克
內餡	
紅豆餡	160g
粿加蕉	80 克
表面裝飾	
起酥皮	2 片
全蛋液	適量
黑芝麻	適量

做法 Step by Step

A. 基礎麵糰製作 》

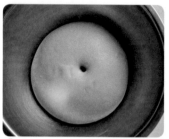

① 依 P.22「3 大經典麵包配方 & 做法大公開」,備好經典台式麵包基礎麵糰。

B. 內餡製作 》

② 依 P.101「愛與恨老師的小叮嚀」之「紅豆內餡這樣做!」製作紅豆內餡。

C. 中間發酵 》

③ 將完成基礎發酵後的麵糰,分割成 8 等份(每個約 60 克)。

D. 包餡 》

④ 將分割好的麵糰滾圓。

⑤ 麵糰滾圓後蓋上塑膠袋,進行中間發酵(約 20 分鐘)。

⑥ 完成中間發酵後,將麵糰拍扁。

⑦ 翻開麵糰。

⑧ 包入 20 克紅豆餡加 10 克粿加蕉(麻糬)。

⑨ 收口捏緊後,收口朝下放在烤盤。

TIPS

包餡時請注意收口處不要沾到餡料，油脂會使收口處不易黏合，烘烤後容易產生爆漿的現象，務必小心留意！同時包餡後，不用再滾圓，因滾圓反而會讓內餡往上跑，容易導致爆餡。

E. 最後發酵 》

10 麵糰全部包好內餡後，放入烤盤，覆蓋塑膠袋，置於溫暖密閉的空間進行最後發酵（建議約 60 分鐘直至麵糰膨脹至兩倍大）。

11 麵糰完成最後發酵。

F. 烤前裝飾 》

12 麵糰最後發酵完成後，取起酥片在其上刷上蛋黃液。

13 將起酥片切成 8 條。

14 取兩條起酥片交叉裝飾在麵糰上，中間以少許黑芝麻裝飾。

G. 烘烤 》

15 將烤箱預熱至指定溫度（上火 210℃ / 下火 170℃，若家裡的烤箱沒有上下火之分，建議預熱至 190℃），將刷上蛋液的麵糰放入烤箱，先烤 10 分鐘，將烤盤轉向後，轉為上火 150℃ / 下火 150℃，再烤 5 分鐘，出爐後重敲，置於涼架上放涼。

古早味奶香包

2016 年，愛與恨老師以一盤閃耀動人的奶香包，開始在「Jeanica 幸福烘培分享」社團與大家認識，後來配方公布，成立粉絲專頁，有更多的朋友開始製作奶香包。它不只製作時間短，口感綿密柔軟，做成吐司或餐包都非常好吃，深受好評。

材料 Ingredients

20份

奶香包麵糰-------------- 1200 克
表面裝飾
無鹽奶油----------------- 適量

示範影片在這裡！

做法 Step by Step

A. 基礎麵糰製作 »

1 依 P.22「3 大經典麵包配方 & 做法大公開」，備好奶香包基礎麵糰。

🥢 做法 Step by Step

B. 中間發酵 》》

② 將完成基礎發酵後的麵糰，分割成 20 等份（每個約 60 克）。

③ 將分割好的麵糰滾圓，蓋上塑膠袋，進行中間發酵（約 20 分鐘）。

C. 整型 》》

④ 麵糰完成中間發酵後，用手掌壓住圓麵糰，施力點放在手掌，慢慢將麵糰搓成長水滴形，置於一旁鬆弛 10 分鐘。

⑤ 鬆弛好的麵糰，再次搓揉。

⑥ 將麵糰擺直。

⑦ 以擀麵棍將麵糰從中段往上擀平。

⑧ 左手拉住尖端，右手按住擀麵棍，從中段往下方輕輕擀過，麵團長度大約 25 公分即可。

TIPS

麵糰不用太長，大約 25 公分即可，上方也不要太寬，大約 5 公分。擀捲不需大力收緊。

⑨ 不用翻面，稍微拍掉氣泡。

D. 最後發酵 》

⑩ 用雙手將麵糰由上而下輕輕捲起，尖端壓在麵糰下方，整齊斜放排列至烤盤上。

⑪ 麵糰整型好後，放入烤盤，置於溫暖密閉的空間進行最後發酵（建議約 40 ～ 60 分鐘直至麵糰膨脹至兩倍大）。

E. 烤前裝飾 》

TIPS

最後發酵只要麵糰呈現兩倍大，就可以預熱烤箱入爐烘烤，不需拘泥於時間。有時發酵過頭或擀捲太緊，會造成麵包烘烤後，花紋消失。

TIPS

入爐前，不用刷蛋液，素面烘烤即可。

⑫ 完成最後發酵後，於麵糰縫隙間，放入切成細條的無鹽奶油。

F. 烘烤 》

TIPS

出爐刷上無鹽奶油，麵包就會亮晶晶了。

⑬ 將烤箱預熱至指定溫度（上火 160℃ / 下火 170℃，若家裡的烤箱沒有上下火之分，建議預熱至 165℃），烘烤 25 分鐘。表面上色後，可關掉上火（或覆蓋上鋁箔紙）繼續烘烤，避免顏色過深。出爐後重敲，將麵包移至涼架，趁熱在表面刷上少許融化奶油液即可。

🧁 愛與恨老師的小叮嚀

百搭麵糰

奶香包是一款百搭麵糰，做成吐司、裡面包餡都非常好吃。

奶香包保存法

夏天常溫一天，冬天會稍微變硬。建議用袋子分裝，冷凍保存。要吃之前，蒸熱或烤熱，就會像剛出爐一樣，鬆軟好吃。

軟歐包

　　雖然它不是台式麵包，卻是愛與恨老師的另一代表作品。彷彿變形金剛的軟式歐包，在配方公布之後，大家發揮創意，不只是外型多變，各式各樣的篩粉造型，內餡變化，甚至也做成吐司。大家只要基本觀念好、麵糰打得好，你也可以是一位麵包魔術師！

材料 Ingredients

8 份

軟歐包麵糰-------------- 1040 克
內餡
橘皮丁或荔枝乾-------- 80 ～ 100 克
（也可以使用綜合堅果）

示範影片在這裡！

做法 Step by Step

A. 軟歐包麵糰製作 》》

① 依 P.22「3 大經典麵包配方 & 做法大公開」，備好軟歐包基礎材料，完成至 P.23 步驟 7 的麵糰製作。

B. 基礎發酵 》》

② 將外皮所須麵糰 320 克先分割起來。

③ 滾圓後，蓋上塑膠袋，進行基礎發酵（約 60 分鐘）。

④ 剩下的 720 克主麵糰，整型成長方形攤平。

⑤ 中間均勻鋪上橘皮丁。

TIPS

也可以放上任何喜歡的果乾、堅果或起司。

⑥ 由麵糰上方 1/3 往下折。

⑦ 再由麵糰下方 1/3 往上折。

⑧ 旋轉 90 度，均勻排除氣泡。

⑨ 折完三折，將排除氣泡後的麵皮翻面。

⑩ 再重複一次三折的動作，先由上往下折。

⑪ 再由下往上折。

TIPS

這裡用折疊的方式，是藉由拍掉氣泡、撒果乾及三折疊的方式，讓果乾可以均勻散布在麵糰中。這樣的效果，可以保持果乾多汁的內涵。一般做法是將果乾加入攪拌機中，和麵糰一起攪打，這樣的方式會破壞果乾的質感，甚至使麵糰過於濕黏，而不易做好後面整型的動作。

C. 中間發酵 》

⑫ 將麵糰滾圓，進行基礎發酵 30 分鐘後，翻面滾圓，再發酵 30 分鐘。

⑬ 外皮麵糰基礎發酵完成。

⑭ 將外皮麵糰分割成 8 等份（每個約 40 克）。

⑮ 將分割好的外皮麵糰滾圓，蓋上塑膠袋，進行中間發酵（約 15 ～ 20 分鐘）。

⑯ 主麵糰基礎發酵完成。

⑰ 將主麵糰分割 8 等份（每個約 90 克）。

⑱ 將分割好的主麵糰滾圓。

⑲ 蓋上塑膠袋，避免被風吹乾，進行中間發酵（約 15 ～ 20 分鐘）。

D. 整型 ≫

⑳ 中間發酵完成後，將拌入橘子丁的主麵糰，用手拍扁。

㉑ 將拍扁的麵糰翻面。

㉒ 由上往下逐步將麵糰捲起。

23 依 P.198〈12 款麵包整型手法全記錄〉—橄欖形，完成橄欖形麵糰。

24 外皮麵糰完成中間發酵後，用手將麵糰拍扁。

25 拍扁的麵糰用擀麵棍擀成大圓片。

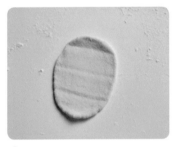

26 麵皮的大小要能包裹住主麵糰。

27 圓片刷上薄薄一層沙拉油（或橄欖油），外緣留下大約 1 公分不要塗。

TIPS

塗上沙拉油，可以使兩層麵皮互不相黏，產生隔離的效果。

28 將長橄欖形的主麵糰表面也刷一層沙拉油。

29 將刷油的主麵糰與外皮麵糰結合。

做法 Step by Step

TIPS

主麵糰底部接口朝上。

㉚ 將外皮麵糰以捏水餃的方式，包覆主麵糰。

E. 最後發酵 》

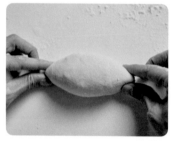

㉛ 將包覆好的麵糰翻過來，兩端搓尖呈現橄欖形。

F. 烤前裝飾 》

㉜ 整型好的麵糰排列至烤盤，蓋上塑膠袋，放置於溫暖密閉的空間進行最後發酵（建議 50 ～ 60 分鐘直至麵糰膨脹至兩倍大）。

㉝ 麵糰完成最後發酵。

㉞ 最後發酵完成，撒上少許高筋麵粉。

㉟ 用鋒利的小刀畫出 S 型割線。

㊱ 也可以畫成 W 型割線，接連的頂點若能割斷，還能呈現麵皮翹起的模樣。

TIPS

割線必須劃破第一層外皮，但卻不能劃傷主麵糰，所以施力請小心。

G. 烘烤

㊱ 將烤箱預熱至指定溫度（上火 200℃ / 下火 180℃，若家裡的烤箱沒有上下火之分，建議預熱至 190℃），烘烤 20 ～ 25 分鐘（視家中烤箱為準）。出爐後重敲，將麵包移至涼架。

愛與恨老師的小叮嚀

造型隨意變！

如果覺得雙層的包法小有難度，也可以單純做圓形、橄欖形、三角形、正方形，搭配創意細緻的篩粉造型，或是割出喜歡的線條。

折疊法的優點

麵糰用折疊的方式除了讓果乾分布均勻外，也方便讀者做多種不同的口味。

軟歐包保存法

常溫 3 天還是軟的，但是夏天保存，有發霉的風險，建議兩天內可常溫保存，其他時間，則個別包裝，冷凍保存。

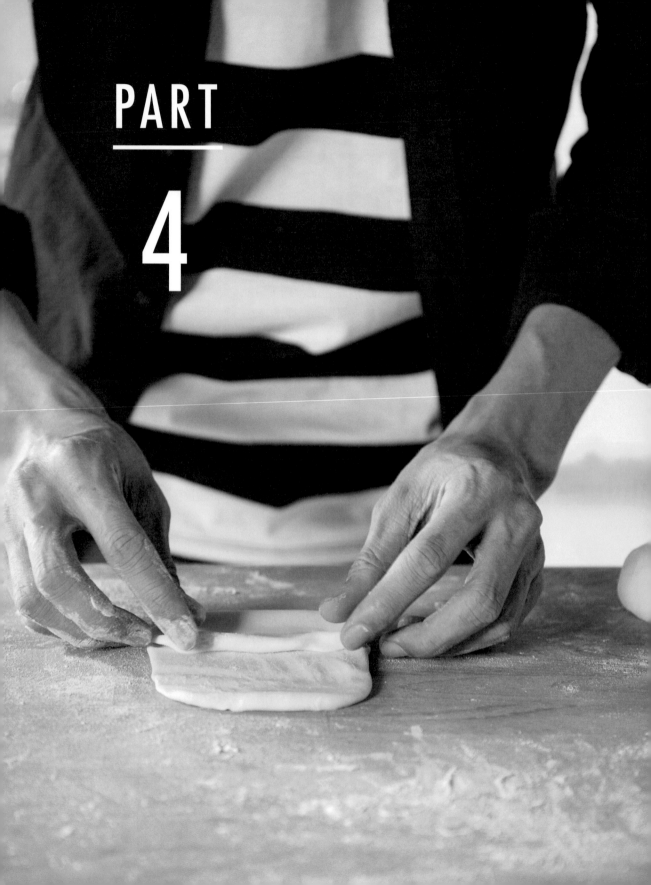

PART
4

多樣的麵包造型

12 款麵包
整型手法全記錄

本書的台式麵包，是以一種基礎甜麵糰，來延伸出 30 種不同的變化。內餡與外層裝飾，除了傳統的造型，其實也可以隨意替換，創造出屬於自己風格的台式麵包。

此篇收錄本書中曾出現的造型手法，附上詳細的分解圖及示範影片，期盼大家可以操作得更順手！

1 圓形包餡

如何把圓形麵包做得又圓又美，又不會漏餡？這款最基本的造型，看似簡單，想要整出完美的圓形，還是需要一些練習。

整型手法

「愛與恨」老師特別強調，基本款的圓形包餡，記得利用右手大拇指與食指配合，小心而規律的捏合麵糰，就能包出又圓又漂亮的圓麵包。

整型示範影片

麵糰包餡

左手的拇指與食指固定住上方麵糰

右手拇指與食指先從下方捏緊

慢慢的逐步往上捏緊

靈活運用右手拇指與食指

將麵糰逐漸捏緊至最上方

每一步都要捏緊

隨時注意是否漏餡

將餡料完整包裹

確認每一個折口都捏緊

從頭到尾再確認一次

完成

TIPS

1. 包餡時收口處不要沾附油脂與餡料，否則烘烤後容易爆漿。
2. 包餡時，記得麵糰在指尖拿取，要懸空，這樣才能包裹比較多的餡料，快速抽出調餡棒，餡料才不會沾到收口處，這都是小秘訣。
3. 接口處不要重疊過厚的麵糰，造成上薄下厚的麵包型態，會影響食用時的口感。

2 菠蘿整型

將菠蘿皮包好，是許多人的障礙，但是大家都好喜歡菠蘿麵包，不管是想做原味菠蘿，或是加料的布丁菠蘿、菠蘿夾心等，都要先學會包裹菠蘿皮。

整型手法

「愛與恨」老師表示，將甜麵糰壓住菠蘿皮，讓結合菠蘿皮的麵糰在手心旋轉，慢慢讓菠蘿皮包覆麵糰的 2/3 或是包覆到底部，就能搞定難處理的菠蘿皮。

整型示範影片

麵糰壓住菠蘿皮

結合菠蘿皮的麵糰在手心旋轉

利用旋轉過程讓菠蘿皮變薄變大

逐漸擴大菠蘿皮面積

同時擠壓麵糰以利菠蘿皮包覆

發覺菠蘿皮黏手可沾少量的手粉

完成

再用模型壓出花紋

TIPS

菠蘿皮的配方含有豐富油脂，遇熱容易軟化，因此建議不要在手心多做停留，避免黏手，手粉適量即可，太多的話，菠蘿皮會變硬，而不是酥鬆可口。

3 扇形

扇形是台包裡很常見的造型。只要拿捏好翻面手法，你也可以做出美麗的扇形麵包。多試幾次，你就能抓到訣竅！

整型手法

將包餡麵糰鬆弛，收口朝上，用擀麵棍將麵糰擀成橢圓片狀。往上對折。平邊朝向自己，麵糰等比例切成頂端相連不斷的兩刀成三等份，中間一段拉起，往旁邊交叉放置，原本位於左邊的麵糰居於中央，將三等份麵糰的餡料切口朝上，稍微收攏即可。

整型示範影片

將麵糰擀成橢圓片狀

橢圓形麵皮翻面

往上對折

平邊朝向自己

麵糰等比例切成兩刀

頂端相連不斷的三等份

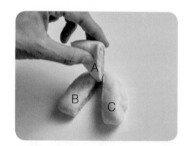

中間 A 號麵糰拉起

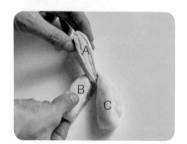

往旁邊交叉放置

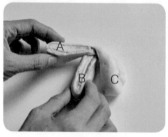

原本位於左邊的 B 號麵糰居於中央

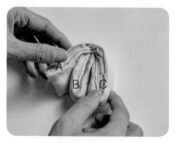

三等份麵糰的餡料切口朝上

4 辮子形

辮子整型法，有許多應用方式，除了單純的編織鋪料，也可以直接在三股辮子裡面包入餡料，口口滿足，同時也是辮子吐司的基本手法。

整型手法

取 3 條鬆弛過的長條麵糰，先將左右兩條頂點固定，中間再放一條長條麵糰，再右左交叉打成辮子。

整型示範影片

A、B、C 三股麵糰

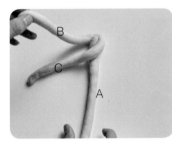

以 A 為中央，C 繞過 A。

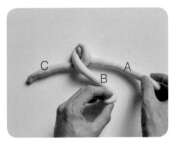

A 拉至左邊，B 繞過 C。

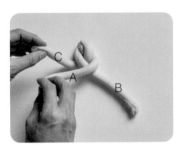

A 繞過 B

C 繞過 A

B 繞過 C

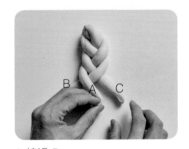

A 繞過 B

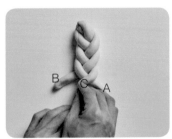

C 繞過 A

B 繞過 C，A 繞過 B，結尾。

5 心形

包餡麵糰的兩次折疊，可以讓切割之後的切口呈現美麗的層次，一刀下去，儘可能公平，發酵烘烤後才會是美麗的心形！

整型手法

鬆弛好的包餡麵糰，收口朝下，用擀麵棍將麵糰擀成橢圓片狀。橢圓片翻面轉 90 度，先上下對折、再左右對折成三角形，在尖端下約 1 公分處，直切刀口至短處，再將切口兩處往外翻折成愛心狀。

整型示範影片

擀麵棍將麵糰擀成橢圓片狀

橢圓片翻面

轉 90 度

上下對折

左右對折

折成三角形

尖端下約 1 公分處切下

切成兩半

切口兩處往外翻

翻折成愛心狀

6 花捲

花捲的造型非常華麗大方，重點是小心的劃破包餡的麵皮表層，如果太用力，包覆時就會漏餡了。

整型手法

將劃破包餡表層的麵片從長邊捲起，左右兩頭接連一起，稍微收口即可。

整型示範影片

包餡麵糰鬆弛收口朝下，以擀麵棍擀成橢圓形麵片。

用鋒利的小刀在表層麵皮劃上均勻斜線

麵皮翻面

再轉 90 度

劃破包餡表層的麵片從長邊捲起

由上往下慢慢捲起

力道要一致

左右兩頭接連

TIPS

割線盡量平均，烘烤之後會有均勻放射狀的效果，露出內餡，更讓人感覺用料豐富，視覺效果極佳。

7 橄欖形

橄欖形適用於餐包，可以包裹自己喜歡的內餡，或是在表面割線後，鋪放許多餡料。無論是包餡或鋪餡，要注意的是，收口必須緊實，造型才會漂亮！

整型手法

整型示範影片

將完成中間發酵的麵糰，用擀麵棍將麵糰擀成長形，不要擀到底。將擀開的麵糰翻面，由上往下逐步將麵糰收捲成兩端尖尖的橄欖型。

中間發酵完的麵糰略微拍扁

搓成橢圓形

橢圓麵糰擺直

用擀麵棍擀開

翻面

將麵糰慢慢由上往下捲起

利用指尖固定位置

力道要一致慢慢捲到底

用手略微整型

兩頭捏尖成橄欖形

TIPS

收口要緊實，烘烤之後才不會變形裂開，這是新手容易忽略的重點。

8 螺絲卷

旋轉纏繞時，不需特別用力，甚至可以保留部分空隙，發酵之後線條更是明顯！記得收口朝下做最後發酵，螺絲卷才不會散開。

整型手法

將鬆弛後的長條形麵糰，先將麵糰自螺管模型尖端約兩公分處開始黏緊，慢慢往上纏繞起，繞完麵糰，尾端塞入底部。

整型示範影片

麵糰自螺管模型尖端約兩公分處開始

用手固定尖端

慢慢往上纏繞

捲的力道要一致

一直捲到麵糰用完

麵糰尾端塞入底部

9 幸運草

幸運草的交叉造型，內餡也可以改成起司片＋火腿，不一定要使用泥狀餡料。表層可以裝飾堅果或蔬菜，是一款可以豐富變化的造型。

整型手法

將包餡的長條麵糰等距離切三刀（不斷），將相連的那面立起來，頭尾相互交叉，將切口翻成上方，呈現幸運草的造型。

整型示範影片

鬆弛好的麵糰用手拍扁

以擀麵棍輕輕推

擀成橢圓形麵皮

麵皮翻面轉 90 度

長邊由上往下輕輕均勻捲起

捲好的麵糰呈長條狀

將長條麵糰等距離切三刀（不斷）

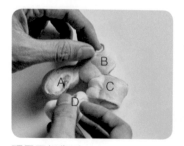

頭尾互相靠近

頭尾相互交叉

完成幸運草造型

10 長條形

長條形的整型手法非常重要，適用於台包以外，維也納麵包以及許多雜糧歐包都適用，是必備的基本手法。

整型手法

麵糰擀成橢圓形麵片，翻面再旋轉 90 度，長邊均勻由上往下捲起，底邊壓薄，收口才會厚度均勻。捲成細圓筒狀之後，再搓長成粗細均勻的長條即可。

整型示範影片

麵糰鬆弛後擀成橢圓形麵片

翻面

再轉 90 度

長邊均勻由上往下捲起

力道要一致

底邊壓薄

再慢慢往下捲成細筒狀

再搓長成粗細均勻的長條

11 岩紋

岩紋風格的整型手法，先利用包餡麵糰擀開、捲起，製造層次感。再藉由割開切口，展示切面的層次。內餡顏色越對比，越鮮明，這個花紋就顯得格外有型！

整型手法

包餡的麵糰鬆弛後，收口朝上，擀成為橢圓片狀，從長邊由上往下捲起呈長條狀。用鋒利的小刀從中間割出一道切口，切口要完全割到底，將切口拉大，左右兩側往下向中間洞口翻折，將有內餡的岩紋面朝上即可。

整型示範影片

包餡麵糰，收口朝上，擀成橢圓片狀。

從長邊由上往下捲起

捲成長條狀

用刀片在麵糰上畫一道切口

將切口拉大

左側往下向中間洞口翻折

右側往下向中間洞口翻折

完成

12 麥穗形

麥穗形的做法可以直接使用長條麵糰，切割扭放成對稱的造型，面積較大，視覺效果佳。

整型手法

麵糰完成中間發酵後，將麵糰略微壓扁，用擀麵棍麵糰擀開，翻面轉 90 度將麵皮拉擀成四方形。將熱狗置於麵皮上方，下方麵皮略微壓扁，由上往下捲起。麵糰直立，用剪刀剪出 V 狀切口，將麵糰一左一右向外翻，讓切口朝上，連續翻出後，麵糰就會呈現美麗的麥穗形。

整型示範影片

麵皮拉擀成四方形

熱狗置於麵皮上方，下方麵皮略微壓扁。

由上往下慢慢捲起

麵糰轉成直立，以剪刀剪出奇數刀的 V 狀切口。

麵糰一左一右向外翻

小心由上往下翻

動作要小心

讓切口朝上

完成

 TIPS 切口一定要是奇數刀，才能翻出左右對稱的花紋，但若是一時失手，隨意也無妨，造型依舊大方。

更新版

特集

帶著你的回憶
經典重現

不管是甜麵包或鹹麵包，

台式麵包是很多人的心頭好！

不管時間如何更迭，

那出爐時的香氣、

入口時的 Q 彈口感、

吃下後的滿足，

不僅是阿公阿嬤小時候的回憶，

也是爸爸媽媽童年的快樂映記，

更是現在你、我最懷念的味道，

相信，這味道也會傳承給你的小朋友們 ....

現在，讓老師再把之前的漏綱之魚的作品補上，

同時也把好評不斷的口味再做變化，

為你我的生活，再增添更多的笑容與滿足！

蘋果麵包

　　小時候下課鐘聲響起，最開心的事就是到福利社覓食，當時零用錢不多，所以能買一袋蘋果麵包吃是最開心的一件事！現在長大了，我也學會如何製作蘋果麵包，一口口記憶中懷念的味道，實在讓我難以忘懷！

示範影片在這裡！

材料 Ingredients　8 份

老麵麵糰材料		麵糰 A		麵糰 B	
高筋麵粉	220 克	老麵麵糰	200 克	高筋麵粉	430 克
速發酵母	2 克	細白砂糖	110 克	低筋麵粉	190 克
細白砂糖	18 克	鹽	6 克	奶粉	40 克
鹽	3 克	全蛋	1 個	速發酵母	6 克
奶粉	8 克	（含殼約 50 ～ 55 克）			
鮮奶	22 克	動物性鮮奶油	80 克		
冰水	132 克	蘋果牛奶	200 克		
無鹽奶油	10 克	無鹽奶油	25 克		

做法 Step by Step

A. 老麵麵糰製作 »

① 取老麵麵糰材料，依 P.22「3 大經典麵包配方 & 做法大公開」，備好老麵麵糰。

④ 再加入麵糰 B 材料。

⑦ 將分割好的麵糰，略微壓扁。

B. 主麵糰製作 »

② 麵糰 A 材料中的老麵麵糰撕成塊狀，置於攪拌缸中。

⑤ 攪拌均勻至成糰（無需至完全擴展階段）。

⑧ 蓋上塑膠袋，置於冰箱冷藏鬆弛 30 分鐘。

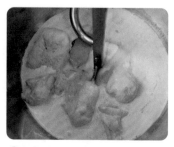

③ 再加入麵糰 A 中其他材料，攪拌 5 分鐘。

C. 中間發酵 »

⑥ 將步驟 ⑤ 攪打完成的麵糰，分割成 2 等份（每個約 670 克）。

D. 整型 »

⑨ 第一次擀：鬆弛好的麵糰，撒上手粉，再以擀麵棍將麵糰擀開成約 20×8 公分的長麵片。

⑩ 第一次折：長麵片翻面，折3折。

⑪ 置於一旁鬆弛5～10分鐘。

⑫ 第二次擀：麵糰鬆弛好後，撒上手粉，再重複步驟 ⑨～⑪ 兩次（至少擀3次、折2次，可以多擀折幾次，直到麵皮光滑）。置於一旁鬆弛5分鐘。

TIPS

第二次折：每次擀折，都要鬆弛5～10分鐘。

⑬ 第三次擀：將鬆弛好的麵糰擀成50×20公分、厚0.2～0.3公分的光滑長麵片。

⑭ 取9×9公分的方形模具按壓出方形麵皮，若無模具者也可以用刀片切割。

⑮ 方形麵皮中間再以刮板輕壓出4等份，注意不能將麵皮切斷。

⑯ 用叉子搓出洞。

⑰ 將完成的麵片置於烤盤上。

⑱ 剩餘的麵團可以重複 ⑨
～⑪步驟，用蘋果形狀模具
按壓出蘋果形狀，做不一樣
造型。

⑲ 同樣用叉子搓出洞後，置
於烤盤上。

E. 最後發酵 》》

⑳ 麵糰整型好後，放入烤
盤，置於溫暖密閉的空間進行
最後發酵（建議約 40 ～ 50 分
鐘直至麵糰膨脹至兩倍大）。

F. 烤前裝飾 》》

㉑ 完成最後發酵後，在正
方形麵糰中心點，搓出一個
洞，讓烘烤時較不會爆開。

㉒ 發酵好的麵糰刷上蘋果牛
奶。

G. 烘烤 》》

㉓ 將烤箱預熱至指定溫度
（上火 200℃ / 下火 140℃，
若家裡的烤箱沒有上下火之
分，建議預熱至 170℃），
烘烤 8 分鐘後調頭再烤 4 分
鐘。出爐後輕敲，將麵包移
至涼架即可。

H. 烤後裝飾 》》

㉔ 烘烤完成置涼後，可抹上
草莓果醬，蓋上另一片，兩
兩成對。

炸彈麵包

做法請見下一頁

炸彈麵包

可愛的外型，曾經是許多大朋友童年時的美好記憶，至今在麵包界中仍然屹立不搖。香酥的外皮，包裹柔軟的麵包體，搭配上飽滿的內餡，濃濃的奶香味，是百吃不膩的美味。

材料 Ingredients

4 份

菠蘿皮
示範影片在這裡！

基礎麵糰	160 克
菠蘿皮	約 10 份
無鹽奶油	55 克
糖粉	55 克
全蛋	30 克
奶粉	5 克
高筋麵粉	100 克
乾式蔓越莓奶酥	約 6 ～ 8 份
無鹽奶油	60 克
糖粉	33 克
奶粉	60 克
玉米粉	8 克
蔓越莓乾	少許
紅酒	少許

做法 Step by Step

A. 製作菠蘿皮 》

① 依 P.91 菠蘿麵包步驟 ①
～② 完成菠蘿皮製作。

B. 蔓越莓奶酥製作 》

TIPS

若著急使用，則可以浸泡
10 分鐘後，取出以廚房紙
巾略微吸乾水分。

② 蔓越莓對半（或 1/3）剪
碎，加入紅酒（蓋過蔓越莓
即可），置於冰箱冷藏過夜。

③ 奶粉及玉米粉混合均勻，無鹽奶油軟化後，
加入糖粉攪拌均勻，再加入前面的粉類攪勻。
加入步驟 ② 擠乾的蔓越莓，混勻即可，分割成
每個 25 ～ 30 克的份量備用。

TIPS
此處的蔓越莓乾也可以換成葡萄乾！

C. 基礎麵糰製作 》

④ 依 P.22「3 大經典麵包配
方 & 做法大公開」，備好經
典台式麵包基礎麵糰。

D. 中間發酵 》

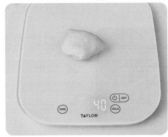

⑤ 將完成基礎發酵後的麵
糰分割成 4 等份（每個約 40
克）。

⑥ 將分割好的麵糰滾圓，麵
糰滾圓後蓋上塑膠袋，進行
中間發酵（約 20 分鐘）。

做法 Step by Step

E. 包餡 & 整型 》

⑦ 完成中間發酵後，取出麵糰，略微拍扁，用擀麵棍將麵團擀成橢圓形麵皮。

⑧ 將麵皮翻面，放上蔓越莓奶酥餡。

⑨ 依 P.198〈12 款麵包整型手法全記錄〉—橄欖形，完成長橄欖形麵糰。

⑩ 取出一份菠蘿皮，擀成橢圓形菠蘿片（面積要比步驟⑨的麵糰面積大）。

TIPS

菠蘿皮黏手，因此建議運用刮板來翻運菠蘿皮。

⑪ 步驟⑨的麵糰噴點水，將步驟⑩的菠蘿皮覆蓋包裹上去，置於模具中等待最後發酵。

F. 最後發酵 》

⑫ 麵糰整型好後，放入烤模內，置於溫暖密閉的空間進行最後發酵（建議約 50～60 分鐘直至麵糰膨脹至兩倍大）。

G. 烘烤 》

⑬ 將烤箱預熱至指定溫度（上火 200℃ / 下火 200℃，若家裡的烤箱沒有上下火之分，建議預熱至 200℃），烘烤 30 ～ 35 分鐘。出爐後重敲，將麵包移出模具，至放涼架放涼即可。

 愛與恨老師的小叮嚀

關於炸彈麵包模具

炸彈麵包是台灣古早味麵包，以往炸彈麵包尺寸很大，無法一次吃完一整個。現在有較小尺寸的炸彈麵包模具，一個放 40 克左右的麵糰，包上餡料也能一次嗑完一顆！

各種果乾搭配浸泡液

果乾	浸泡液	成品
葡萄乾	蘭姆酒	蘭姆葡萄乾
蔓越莓	紅酒	紅酒蔓越莓
荔枝乾	白葡萄酒	白酒荔枝乾
桂圓	養樂多	養樂多桂圓

炸彈麵包整型方法 2

除了上述的整型方式，也可以像菠蘿麵包一樣，先壓上一份菠蘿皮，再包入蔓越莓奶酥餡，將收口捏緊，在掌心以旋轉方式，將菠蘿皮慢慢推薄，讓菠蘿皮包覆整個麵糰。再將麵糰整成橢圓形，置於模具中。

牛角菠蘿

菠蘿麵包向來是台式麵包的經典，老師特別以台式麵包麵糰製作牛角造型，再包裹上好吃的菠蘿皮，造型有趣、麵糰 Q 軟，搭配香酥的菠蘿皮，更是讓人滿足！

示範影片在這裡！

材料 Ingredients

8 份

基礎麵糰	500 克
菠蘿皮	約 10 份
無鹽奶油	55 克
糖粉	55 克
全蛋	30 克
奶粉	5 克
高筋麵粉	100 克

做法 Step by Step

A. 製作菠蘿皮

1 依 P.91 菠蘿麵包步驟 1 ～ 2 完成菠蘿皮製作。

217

做法 Step by Step

B. 基礎麵糰製作 》》

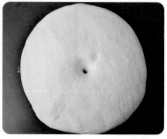

② 依 P.22「3 大經典麵包配方 & 做法大公開」，備好經典台式麵包基礎麵糰。

C. 中間發酵 》》

③ 將完成基礎發酵後的麵糰分割成 8 等份（每個約 60 克）。

④ 將分割好的麵糰滾圓，麵糰滾圓後蓋上塑膠袋，進行中間發酵（約 20 分鐘）。

D. 整型 》》

⑤ 取出發酵好的麵糰，略微拍扁，以擀麵棍將麵糰擀開，翻面旋轉 90 度。

⑥ 長邊均勻由上往下捲起，用手施力搓長，使其成為長約 15 公分的椎形。

⑦ 將椎形麵糰直立，用擀麵棍擀開。

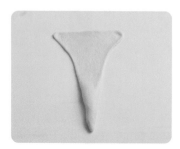

⑧ 上端擀成倒三角形。

⑨ 下端再用擀麵棍慢慢擀長。

⑩ 雙手置於倒三角形的兩端，由上而下慢慢捲起。

⑪ 雙手保持在尖角的兩端。

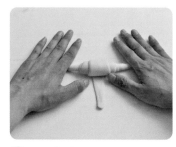
⑫ 一口氣由上往下捲下來。

⑬ 取出一份菠蘿皮,擀成橢圓形菠蘿片(面積要比麵糰中間的面積大)。

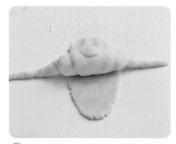
⑭ 將擀好的菠蘿皮噴點水,以刮板移動菠蘿皮,將菠蘿皮置於牛角下方。

⑮ 將菠蘿皮包裹起來。

⑯ 將牛角的兩端接連起來。

E. 最後發酵 》

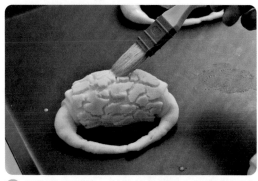

⑰ 麵糰整型好後,放入烤盤模內,置於溫暖密閉的空間進行最後發酵(建議約 50 ~ 60 分鐘直至麵糰膨脹至兩倍大)。入爐前刷上全蛋液。

F. 烤烘 》

⑱ 將烤箱預熱至指定溫度(上火 210℃ / 下火 170℃),將牛角菠蘿麵糰放入烤箱,先烤 10 分鐘,將烤盤轉向後,轉為上火 150℃ / 下火 150℃,再烤 5 分鐘,出爐後重敲,置於涼架上放涼。

花樣甜甜圈

簡單的塑形，讓甜甜圈有了不一樣的造型，更為討喜！現在就來動手做看看！你一定會喜歡！

材料 Ingredients

8 份

基礎麵糰 ----------------- 500 克
表面裝飾
防潮糖粉 + 細粒特砂 -- 適量

做法 Step by Step

A. 基礎麵糰製作 & 中間發酵

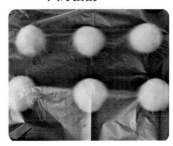

1 依 P.22「3 大經典麵包配方 & 做法大公開」，備好經典台式麵包基礎麵糰，並完成至中間發酵。

做法 Step by Step

B. 整型 »

② 取出發酵好的麵糰，用手拍扁，翻面後以擀麵棍擀成圓形。

③ 用手指在圓麵皮中間搓洞。用刮板割出均勻的 6 等份。

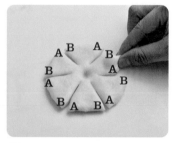

④ 每一等份的 **A**、**B** 兩端接連起來。

C. 最後發酵 »

⑤ 麵糰整型好後，放入烤盤，置於溫暖密閉的空間進行最後發酵（建議約 40 分鐘直至麵糰膨脹至兩倍大）。

D. 油炸 »

⑥ 依 P.162 步驟 E. 油炸 & 裝飾，將花樣甜甜圈油炸完成，並沾裹糖粉。

粉紅少女甜甜圈

做法請見下一頁

粉紅少女甜甜圈

甜甜圈加上巧克力，可以做出許多不一樣可愛的造型，讓甜甜圈提升不少質感！現在就來試試看自己的創意，做出媲美知名品牌的甜甜圈！而且巧克力的顏色可依個人喜愛做變化呢！

材料 Ingredients

8 份

基礎麵糰 ------------------------ 500 克
表面裝飾
白巧克力＋紅色食用色素 --- 適量

做法 Step by Step

A. 基礎麵糰製作 & 中間發酵 》

① 依 P.161 甜甜圈製作方法，完成至步驟 ⑩。

B. 整型 》

② 將長條麵糰 A 端剝開。

做法 Step by Step

③ B 端置於 A 端剝開處，包裹起來。

TIPS

此整型方式不同於 P.161 甜甜圈的整型，這方式在油炸時，接口較不易散開。

C. 最後發酵 & 油炸 》

④ 最後發酵完成後，依 P.161 甜甜圈步驟 ⑭ ～ ⑯，完成甜甜圈油炸。

D. 最後裝飾 》

⑤ 將白巧克力隔水加熱融化備用。

⑥ 融化好的白巧克力，加上紅色食用色素，調成粉紅色巧克力。

⑦ 將炸好的甜甜圈單面沾上粉紅色巧克力。

⑧ 將剩餘融化好的白巧克力放入擠花袋中。

⑨ 待步驟 ⑦ 的粉紅巧克力略乾後，擠花袋剪開小洞，擠上白色線條。

⑩ 粉紅少女心甜甜圈完成。

爸媽的最愛

酸菜包

甜甜圈麵糰包上酸菜，鹹鹹甜甜的口感，叫人難忘！除了酸菜，包入紅豆泥、芋頭泥，也很美味！

材料 Ingredients

8 份

基礎麵糰 ----------------- 500 克
內餡
蒜香酸菜 ----------------- 適量

做法 Step by Step

A. 酸菜製作 》

1 市售酸菜洗淨後泡水約 20 分鐘減少鹽分，切成細丁備用。炒鍋加上較多的油，放入酸菜丁拌炒備用。

做法 Step by Step

B. 基礎麵糰製作 & 中間發酵 ≫

② 依 P.22「3 大經典麵包配方 & 做法大公開」，備好經典台式麵包基礎麵糰，並完成至中間發酵。

C. 整型 ≫

③ 取出中間發酵好的麵糰，用手拍扁。

④ 翻面後包上 30 克酸菜。

D. 最後發酵 & 油炸 ≫

⑤ 包裹後，收口捏緊。

⑥ 捏緊後，收口朝下，略微壓扁，置於烤盤中。

⑥ 最後發酵完成後，依 P.161 甜甜圈步驟 14 ～ 16，完成酸菜甜甜圈油炸。

 愛與恨老師的小叮嚀

油炸酸菜包的油要多一點，否則炸起來容易乾，口感較差！

營養三明治

做法請見下一頁

營養三明治

基隆有名的營養三明治也可以在家做！加上滷蛋、火腿片、小黃瓜片是基礎配備，尤其是淋上美乃滋更是畫龍點睛！當然包上自己想吃的內餡，做出屬於你們家獨特的營養三明治！

材料 Ingredients

8 份

基礎麵糰	500 克
內餡	
火腿片	適量
小黃瓜片	適量
番茄片	適量
滷蛋	適量

做法 Step by Step

A. 基礎麵糰製作 & 中間發酵

① 依 P.22「3 大經典麵包配方 & 做法大公開」，備好經典台式麵包基礎麵糰，並完成至中間發酵。

做法 Step by Step

B. 整型 》

② 取出中間發酵好的麵糰，用手拍扁。

③ 以擀麵棍將麵糰擀開。翻面後，由上往下捲起。

③ 雙用置於前後兩端，前後搓揉。將麵糰整成橄欖形備用。

C. 最後發酵 》

④ 麵糰整型好後，放入烤盤，置於溫暖密閉的空間進行最後發酵（建議約 40 分鐘直至麵糰膨脹至兩倍大）。

D. 最後裝飾 & 油炸 》

⑤ 最後發酵完成後，依 P.161 甜甜圈步驟 ⑭ ～ ⑯，完成甜甜圈油炸。

⑥ 置涼後，橫剖一刀。

⑦ 擺上火腿片、小黃瓜片、魯蛋、番茄片，最後擠上美乃滋。

⑧ 古早味營養三明治完成。

奶香包 2.0

因為一款奶香包爆紅的愛與恨老師,在經過 4 年的沉潛後,再度研發 2.0 版本,更好操作、奶香味十足,口感 Q 軟有嚼勁,是一款老少咸宜的麵包。

材料 Ingredients

20 份

隔夜中種

高筋麵粉 -------- 410 克

鮮奶 ------------ 152 克

速發酵母 -------- 2 克

全蛋 ------------ 82 克

水 -------------- 45 克

主麵糰

高筋麵粉 -------- 180 克

速發酵母 -------- 4 克

鹽 -------------- 7 克

細砂糖 ---------- 90 克

奶粉 ------------ 30 克

動物性鮮奶油 --- 90 克

全蛋 ------------ 40 克

鮮奶 ------------ 40 克

無鹽奶油 -------- 85 克

🥄 做法 Step by Step

A. 隔夜中種 》

① 前一晚先隔夜中種材料攪拌成糰，蓋上保鮮膜，夏天室溫靜置 30 分鐘（冬天 1 小時），再放入冰箱冷藏 12 ～ 16 小時備用。

B. 主麵糰製作 》

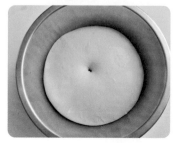

② 將隔夜中種麵糰與主麵糰材料（奶油除外）置於攪拌缸中，依 P.23「基礎麵糰製作程序」步驟 ④ ～ ⑦，完成奶香包 2.0 基礎麵糰。

C. 中間發酵 》

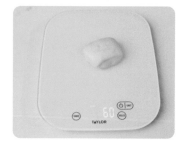

③ 將完成基礎發酵後的麵糰，分割成 20 等份（每個約 60 克）。

D. 整型 》

④ 將分割好的麵糰滾圓，蓋上塑膠袋，置於冰箱冷藏 20 分鐘，進行中間發酵。

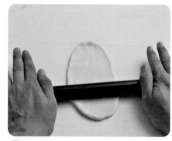

⑤ 發酵好的麵糰以擀麵棍將麵糰擀開。

⑥ 翻面旋轉 90 度。

⑦ 長邊均勻由上往下捲起。

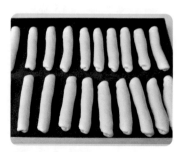

⑧ 蓋上塑膠袋，冷藏鬆弛 10 分鐘備用。

⑨ 麵糰鬆弛好後，用手均勻施力搓長，使其成為粗細一致，約 20 公分長條麵糰。

⑩ 長條麵糰 A、B 兩端打結。

⑪ A 端跨過麵條上方。

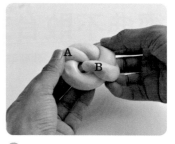

⑫ B 端伸入打結的洞中。

⑬ A、B 兩端黏接一起。

⑭ 翻面完成造型。

E. 最後發酵 》

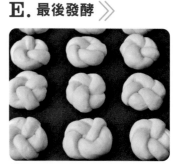

⑮ 麵糰整型好後，放入烤盤，置於溫暖密閉的空間進行最後發酵（建議約 50 ～ 60 分鐘直至麵糰膨脹至兩倍大）。

F. 烤前裝飾 》

⑯ 完成最後發酵，於麵糰縫隙間，放入融化無鹽奶油。

G. 烘烤 》

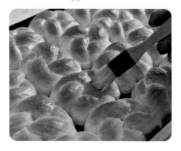

⑰ 將烤箱預熱至指定溫度（上火 170℃ / 下火 170℃，若家裡的烤箱沒有上下火之分，建議預熱至 170℃），烘烤 15 分鐘，轉頭再烤 10 分鐘出爐後重敲，將麵包移至涼架，趁熱在表面刷上少許融化奶油液即可。

🧁 愛與恨老師的小叮嚀

奶香包 2.0 較原始版本更好操作，加了動物性鮮奶油不僅奶香味濃、麵包 Q 軟有嚼勁！建議用袋子分裝，冷凍保存。要吃之前，烤箱以上下火 180℃ 預熱，達溫後入爐烘烤 5 分鐘，出爐時就像現做一樣，鬆軟好吃。

Cook 50230

經典不敗台式麵包【好評不斷粉絲企盼更新版】

1種麵糰+38款口味+12款整型手法+近800張鉅細靡遺步驟圖

國家圖書館出版品預行編目 (CIP) 資料

經典不敗台式麵包【好評不斷粉絲企盼更
新版】：1 種麵糰 +38 款口味 +12 款整型
手法 + 近 800 張鉅細靡遺遺步驟圖
愛與恨老師 著；邱嘉慧 文字整理 .
-- 增訂初版 . --
臺北市：朱雀文化, 2023.07
面；　公分 -- (Cook；230)
ISBN 978-626-7064-64-1(平裝)

1.CST: 點心食譜 2.CST: 麵包
427.16　　　　　　　　　112009911

作者	愛與恨老師（陳明忠）
文字整理	邱嘉慧
攝影	徐榕志、周禎和
美術設計	潘純靈、許維玲
編輯	劉曉甄
行銷	石欣平
企畫統籌	李橘
總編輯	莫少閒
出版者	朱雀文化事業有限公司
地址	台北市基隆路二段 13-1 號 3 樓
電話	02-2345-3868
傳真	02-2345-3828
劃撥帳號	19234566　朱雀文化事業有限公司
e-mail	redbook@hibox.biz
網址	http://redbook.com.tw
總經銷	大和書報圖書服份有限公司 (02)8990-2588
ISBN	978-626-7064-64-1
增訂初版一刷	2023.07
定價	480 元
出版登記	北市業字第 1403 號

About 買書 --

●朱雀文化圖書在北中南各書店及誠品、金石堂、何嘉仁等連鎖書店均有販售，如欲購買本公司圖書，建議你直接詢問書店店員。如果書店已售完，請撥本公司電話 (02)2345-3868。

●●至朱雀文化蝦皮平台購書，請搜尋：朱雀文化書房（https://shp.ee/mseqgei），可享不同折扣優惠。

●●●至郵局劃撥（戶名：朱雀文化事業有限公司，帳號 19234566），掛號寄書不加郵資，4本以下無折扣，5～9 本95折，10本以上9折優惠。

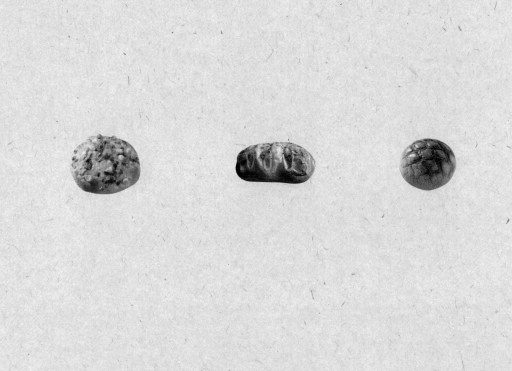

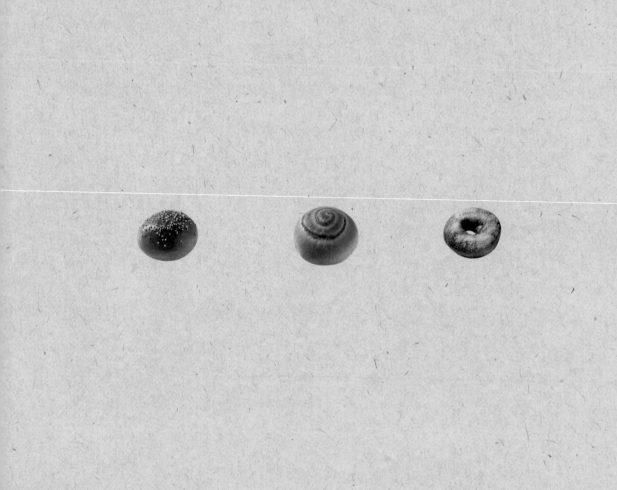